动手动脑快乐学习丛书 >

青少年
建筑模型制作

葛介康 姜招银 编著

海峡出版发行集团 | 福建科学技术出版社
THE STRAITS PUBLISHING & DISTRIBUTING GROUP | FUJIAN SCIENCE & TECHNOLOGY PUBLISHING HOUSE

U0320115

图书在版编目（CIP）数据

青少年建筑模型制作/葛介康，姜招银编著.—福州：
福建科学技术出版社，2012.7（2019.4 重印）
（动手动脑快乐学习丛书）
ISBN 978-7-5335-4034-0

Ⅰ.①青…　Ⅱ.①葛…②姜…　Ⅲ.①模型（建筑）－　制作－
青年读物②模型（建筑）－制作－少年读物　Ⅳ.①TU205-49

中国版本图书馆 CIP 数据核字（2012）第 099770 号

书　　名	青少年建筑模型制作	
	动手动脑快乐学习丛书	
编　　著	葛介康　姜招银	
出版发行	海峡出版发行集团	
	福建科学技术出版社	
社　　址	福州市东水路 76 号（邮编 350001）	
网　　址	www.fjstp.com	
经　　销	福建新华发行（集团）有限责任公司	
排　　版	福建科学技术出版社排版室	
印　　刷	日照教科印刷有限公司	
开　　本	889 毫米×1194 毫米　1/32	
印　　张	7	
字　　数	162 千字	
版　　次	2012 年 7 月第 1 版	
印　　次	2019 年 4 月第 3 次印刷	
书　　号	ISBN 978-7-5335-4034-0	
定　　价	21.80 元	

书中如有印装质量问题，可直接向本社调换

前　言

　　少年儿童个个都喜欢搭积木、垒沙堡，这是他们对建筑模型最早的理解，也是学习建筑模型的启蒙。这些游戏活动伴随着他们成长，这种兴趣爱好影响了一代又一代人。搭建建筑模型使他们获得许多知识和能力，如几何知识、空间想象力、动手和鉴赏能力，等等。

　　建筑模型是科学与艺术完美的结合物，因此，制作建筑模型不单是纯粹的手工制作活动，而是一项集科技与艺术为一体的实践活动。通过此项活动可以使青少年了解历史、了解社会、关心环境。建筑模型制作活动不受场地条件的限制，简便易行，适合任何年龄段的孩子，还可以利用废旧材料进行制作，既环保又省钱。一幢幢楼房模型充满了童趣和智慧，一座座美丽的学校和幸福的家园显示出丰富的想象力。孩子们从小在制作建筑模型活动中受到严谨的科学熏陶，得到美的艺术享受，成为"能工巧匠"，长大后则成为出色的设计师和工程师。

　　建筑模型活动现已被列为全国五大类青少年模型竞赛之一。其竞赛总则指出此项活动的目标和任务是："通过开展建筑模型活动，提高青少年手脑并用的能力，帮助四肢完全发育，发挥青少年的创造力，普及建筑知识，加强素质教育，培养全面发展的下一代。"相信坚持不懈地参加此项活动的青少年学生一定会受益匪浅，迅速成长，成为国家栋梁之才。

　　此书是以校内外青少年建筑模型科技活动为基础，借鉴国内外建筑名家的经验与体会进行编写的，希望能够较全面地向青少年建筑爱好者介绍建筑模型的相关知识。第一、二章简要地讲述了建筑的发展概况、建筑模型的基本知识以及模型制作的基本过程和方法，第三、四、五章着重介绍用各种材料制作一些简单的建筑模型，第六、七、八章为较大型建筑模型及其附件制作提供一些方法。本书中排入了许多插图和照片，希望能使内容清晰明了，通俗易懂，让广大青少年在实践活动中解决一些实际问题。由于知识和经验不足，书中存在不足之处，望请谅解指正。

本书得到了上海市青少年科技教育中心李连营老师，上海少年宫系统三模教研组何世逵、张承佑老师和建筑模型制作爱好者的大力支持。他们提供许多丰富翔实的资料，为本书编写打下了坚实的基础，在此表示衷心的感谢。

编者

2012 年 6 月

目　录

003

目

录

第一章　建筑模型知识

一、人类与建筑

建筑是什么？从静态来说，建筑是房屋等物体，是人类活动的场所。人一生中绝大部分时间都是在各种各样的建筑物中度过的，人的活动与各种各样的建筑有着密切的联系：最起码人人都有一个自己的家；小朋友要去学校读书；爸爸妈妈要去办公室，或工厂车间工作；人们买卖东西要上超市、商店；吃饭要去饭馆；不舒服要去医院看病；娱乐游玩要到娱乐场所；看书要到图书馆……这些住宅、学校、办公室、工厂车间、娱乐场所、图书馆都是建筑。从动态来说，建筑是一种造型活动和营造活动，它包含了物质、技术、工程、经济和艺术。最根本的还在于建筑服务于人，为人所用。从广义上讲，建筑不仅仅与人的生活、学习、工作、娱乐等息息相关，它还与政治、宗教、社会、环境、文化、艺术的方方面面有联系。

1. 早期人类的洞居、树居方式

旧石器时代，人类缺乏建筑的技术和力量，只能凭借自然地势来获得居住空间，如岩下、洞穴等，其位置多分布在低山临河地区。北京周口店龙骨山有周口店洞穴遗址、新洞遗址、山顶洞遗址，时间跨度达 50 万年。这一时期，人类居住的岩洞在我国辽宁、贵州、广东、湖北等地均有发现，因此可以说，天然洞穴是旧石器时期人类的主要居所。

我们还发现人类祖先的另一种居住方式——树居。在云南沧源崖画中就画有树上房屋，而云南少数民族独龙族则到近代还居住在类似的树屋上。处于同样生产力状况下的印第安文化或经济、文化发展滞后民族，也有树居现象。我国古籍上出现的"有巢氏"，指的即是这种以树为屋的氏族。图 1-1-1 所示即树居的情景。

青少年建筑模型制作

002

图 1-1-1　树居方式

在 6000 年前，在陕西长安以东的铲河岸边，出现了中国最早的村落——半坡村。整个村庄坐落于一层层平坦的土台上，它是村民们利用河边的土崖平整而成的。半坡村的房屋有圆尖和剖顶的形状，用直直的木柱和庑檩作为屋架，并设有墙面，被建在浅穴之中，木架呈三角形或圆形，屋顶为坡面和攒尖形，并以草泥作为填充材料。这种房屋冬暖夏凉，屋内地面挖有火坑，使冷气流被迅速加热，有的村落还用石灰质土做成光滑坚硬的地板，比草泥地面更为耐用美观。半坡村的总平面上还设有中心广场，建有一座供公社议事祭奠的大房子，周围是整齐的小住宅、公共仓库、墓地和陶场。这些建筑尺度相宜，构件精致，如地基桩眼之间的距离就十分相等，屋顶大多都开有天窗，以供照明和通风之用，见图 1-1-2。住宅群的四周还有一条深宽 5～6 米的大壕沟，以避群害。

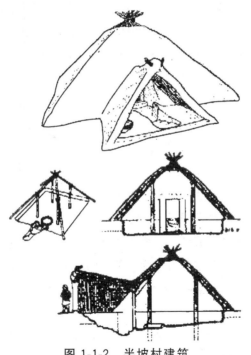

图 1-1-2　半坡村建筑

2. 巨石建筑

在 5000 多年前，在高山草原上，到处可望见许多粗犷黝黑的巨石。现成的巨石是很好的建筑材料。最早的巨石建筑是在西班牙和葡萄牙的南部，它主要表现为宗教的色彩，以标志神祇和墓地，反映着原始人对自然和死亡的畏惧。法国的布列塔尼石阵是最为壮观的巨石群，共有 2730 块巨石，最大的重达 377 吨。这些石块排成数 10 行，绵延 3218 米，穿过农庄，越过田野，像威武的斗士俨然不可侵犯。其中有人工斧砍雕刻的痕迹。这么多巨石如何树立起来，至今还是一个谜。在中国辽宁的海城发现了巨石结构的石屋——几根石柱支撑

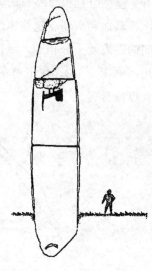

图 1-1-3　布列塔尼石阵

着硕大的石板，而这样的重物也不知是怎样被架在上面的。在世界其他地区，也都发现了巨石建筑的遗迹。巨石型建筑不仅靠缜密的计算和辛勤的劳动来完成，还要凭借着巨大的宗教热情和单纯的动机去进行超越体力和物质条件的施工，因而表明了人是有力量的，他们对生存有着丰富的想象力，其精神的能量是无穷的。

古埃及高大的金字塔是著名巨石建筑的代表，那里埋葬着法老的木乃伊。他们生前坚信人的肉体毁灭之后，灵魂将永存。修建一座法老的金字塔需要 10～20 年的时间，数千名奴隶会在艰巨的劳动中死去，并消耗国家大量的财力。每座金字塔共有 250

万块方石，由 10 万名以上的奴隶不停地修筑。每块巨石重 2.5～50 吨，全凭木轴和撬杠一点点地移动，如果用 7 吨卡车来运送这些石块，需要 978286 辆。这些石料从尼罗河上游 1600 多千米以外的山里开采出来，再用木筏运回来，并用木棍垫在石块下面，从陆地挪到施工现场。而 100 多米高的金字塔

图 1-1-4　金字塔

是用堤状的坡道，将石料运到高处的。

万里长城是我国古代一项壮丽伟大的巨石建筑工程。它像一条巨龙，绵延逶迤，在巍峨的群山峻岭上翻越，在茫茫的草原沙漠间穿行，以其雄伟的气势，显示了中华民族源远流长的历史，表现了华夏劳动人民的坚强毅力和高度智慧。自秦朝始建长城，历经汉、明两朝大规模增筑扩建，东起鸭绿江，西达祁连山，全

图 1-1-5　万里长城

长 7350 多千米。在这条蜿蜒的长城上还筑起了城堡、关隘、烽火台等建筑物，其中以东西两端之山海关、嘉峪关、八达岭、慕田峪等处的墙段及城楼最为壮观。

3. 古罗马、古希腊等西方建筑

建于 5000 多年前的希腊雅典卫城，在庙宇、柱式和雕刻等艺术成就方面都达到了古希腊辉煌时代的最高水平，集中反映了古希腊建筑的成就，是世界建筑史上的珍品。在一块高出地面 70~80 米、东西长约 290 米、南北宽约 130 米、四周陡峭、西低东高的小山顶台地上，分散布局建起了卫城山门、胜利神庙、伊瑞克提翁庙、帕提农神庙等建筑群。伊瑞克提翁庙的 6 根秀丽女郎雕像柱和它轻盈错落的建筑形象一直作为建筑艺术的杰出代表而受到人们的赞颂。

图 1-1-6　伊瑞克提翁庙

古罗马直接继承了古希腊晚期的建筑成就，并将其成就推到了欧洲奴隶制时代建筑的最高峰。由于奴隶制的专横和鼎盛，经济发达，技术进步，拥有既身为奴隶又具有高精技艺的工匠和建筑师，强大的生产力使古罗马在建筑材料、结构技术、艺术造型和形制规范方面都取得了辉煌的成就。他们利用混凝土取代了笨重的石块，还创造出券拱结构代替了厚墙承重。券拱结构的出现，大大改变了建筑的布局方式、空间组合以及艺术形式。于是闻名当时并影响后世的斗兽竞技场、剧场、神庙、凯旋门、城市广场、公共浴场以及宫殿、陵墓都相继建造起来，这些建筑物的出现，大大丰富了建筑的园地。图 1-1-7 所示的是古罗马宗教

图 1-1-7　罗马万神庙

膜拜诸神的庙宇——罗马万神庙的半剖图。其圆形正殿直径与高度均达 43.43 米，上覆穹窿顶。穹窿底部厚度与墙同为 6.2 米，向上则薄，到中央处开设一直径 8.23 米的圆洞。该建筑为现代建筑结构出现前世界上跨度最大的建筑空间，采用混凝土浇筑。为减少自重，壁龛中设计有暗券承重。整个建筑施工技术与艺术效果完美统一，具有强烈的震撼力，堪称世界建筑艺术中的珍品。

　　从公元四五世纪间古罗马帝国分裂，到十四五世纪资本主义萌芽前，这段时期在欧洲被称为中世纪。当时左右人们意识形态的是基督教。在东罗马以及拜占庭帝国统治下的东欧一带信仰东正教，教会中心在君士坦丁堡，教会遍及罗马尼亚、保加利亚、俄罗斯等国。西欧主要信仰天主教，教会中心在罗马。由于东正

教和天主教的精神统治，宗教建筑大大发展起来。

以君士坦丁堡为中心的东罗马在教堂建筑中推行并发展的是沿袭古罗马的穹顶结构和集中式朝拜形制。它的特色是平面多为规整的圆形或正方形，然后在上面建造穹顶。6世纪初建在君士坦丁堡的圣索菲亚大教堂就是拜占庭建筑最光辉的代表。大教堂穹顶直径31米，穹顶中心离地面55米，建造在四边宽度为32.6米的正方形平面上。穹顶底脚呈圆周排列着40个小天窗，从幽暗而高大的室内望去，在逆光的朦胧效果下，仿佛那庞大的穹顶要脱开墙体而飘浮飞去。它的内部装修富丽堂皇，重点部位都镶嵌彩色玻璃，彩色大理石墙面上还衬以金色，更显灿烂夺目。

图 1-1-8　圣索菲亚大教堂

天主教教堂建筑中推行并发展的是另一种形制，是从一些修道院逐渐发展起来的，即拉丁十字式巴西利卡。其特征是，平面是长方形，通过纵向的几排柱子把室内分为几条狭长的空间，中间一条较宽且高，两侧的较窄且低。这种形式结构简单，屋盖轻，支柱较细，多用木屋架构成，体量也不是很大，在当时的教堂建筑中深受僧侣们喜爱。

到了 12 世纪下半叶，建筑结构发展哥特式教堂形制。飞扶壁和尖拱、尖券的出现，使建筑沿垂直方向向上发展，减轻了建筑体量的沉重感。扩大的开窗面积加强了教堂内外部向上、向前、向圣坛的动势，增强了对"天国"向往的气氛。其中最有代表性的是始建于 1163 年，前后修建了 150 年的巴黎圣母院。它被认为是西方建筑史上划时代的一个标志。

图 1-1-9 巴黎圣母院

4. 中国古代城市和宫殿建筑

从中国古代西周开始，能工巧匠们担负起设计和建造城市的

青少年建筑模型制作

重任。古城市边长 4.5 千米，每边城墙有 3 个门，城内纵横有 9 条道路，城外环城道路连接经纬干道，宽 21.6 米，左建宗庙，右修社稷，行政建筑在前，市集在后，占地 6.67 公顷，如图 1-1-10 所示。周朝的城市规划突出礼制，王城"择国中而立宫"，表现出"王者必居天下之中，礼也"的思想，这样也利于王臣向四方纳贡及统治朝野，而市民居住区则分布在城市的四角。西周是我国奴隶制的全盛时期，在建筑史上属创立阶段，对后世有很大影响。

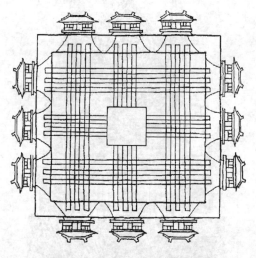

图 1-1-10 中国古城

北京紫禁城是中国建筑的瑰宝，它占地 72 万平方米。紫禁城墙高 10 米，南北长 960 余米，东西宽约 750 米，接近方形，外有宽 52 米的护城河围绕。紫禁城内殿宫楼阁、亭桥台院此起彼伏，曲径幽深，疏密有致地排列着房舍近万间，由大清门北起过两厢千步之廊，越长安街，跨金水桥，进天安门、端门、午门，穿太和之门，踱门内五虹，玉阶三叠托起太和、中和、保和三大殿，过乾清宫门，经后朝乾清、交泰、坤宁三宫，步御花园，出神武，登景山，极万春之亭，放眼北阙，鼓楼、钟楼在望。紫禁城是在元大都城的宫殿基础上营造的。修建的木料都是从四川、贵州、云南、湖南、广西等省、自治区的大山里采伐的，石料是从北京附近的房山、盘山等山区开采的。为运输这些材料，严冬时节，将通往北京的道路泼水铺成冰道，并在沿路大道旁相隔 0.5 千米左右凿一口井取水；盛夏时节，则用滚木铺成轮道。可见当时为修建这座皇宫所付出的巨大代价。这反映出我国劳动人民和匠师们的聪明才智。它是我国建筑技术史上遗存下的一笔最值得骄傲的巨大财富。

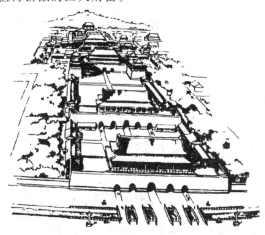

图 1-1-11　紫禁城

5. 中国多民族的民居建筑

中国是多民族的国家，图 1-1-12 所示为各地民居。北方的民居以北京四合院住宅为典型，入门处建影壁，作为空间的转折和遮断。前院多为礼院，南侧的房间是书房、客厅、杂物间及仆人居室。后院面积较大，入门便可望见供长辈们用的寝间。东西厢房是晚辈的住所，并用围廊连接。在正房的两侧，是耳房与小跨院，有厨房、杂屋及厕所，有的还在正房后建一排罩房。院子的外墙及房面均不开窗，院内栽植乔木花草。整个建筑的外部色调都以青灰色为主。

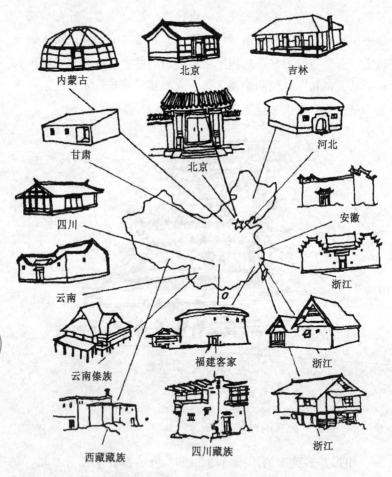

图 1-1-12 中国各民族民居建筑

江南地区则以封闭式院落为单位，并无固定方向，纵轴线上分布着门厅、大厅、轿厅及住房，左右轴线上布置客厅、书房、厢房和厨房等，构成左中右3组纵列。后院常建有二层楼阁，楼上有几条"备弄"以供行走和防火之用，院落围有高墙，墙上开漏窗，房屋的前后也开有窗棂，以利通风散热。在书房、客厅前常凿池植花、筑石造山，十分优雅恬静。

客家住宅则分布在五岭南麓的广东、广西的北部及福建西南部。一种是平面前方后圆，内部由左、中、右3部组成的大型院落式住宅；另一种是平面方形、矩形或圆形的砖楼或土楼。最有特点的是圆形土楼，由3层环形房屋组成，外环高4层，底层是厨房及杂物室，2层为粮库，3层住人，中央建有宗族礼堂，外墙以内为木构架夯土混合结构，厚为1米的墙体上方开有角窗，用以抵御外族侵扰和瞭望之用。

河南、山西、陕西、甘肃等省区的黄土区域，其窑洞和拱券式住宅与当地的地质、地形、气候和物质条件都很和谐。一种是靠崖窑，在自然崖壁上挖凿数孔横洞，在洞面与洞内加砌砖券或石券，以防泥土坍塌。另一种是在平坦之地挖掘方形或长方形的滦坑，沿坑壁凿横洞数间，称地坑窑或天井窑，并建多种形式的阶梯升至地面。大型的地坑院常与二至三个地坑相通，还有的用砖、石、土坯加固建造成拱券式锢窑，与数院相连，组成锢窑院。

干阑式住宅在广西、贵州、云南、海南岛、台湾等亚热带地区十分流行。许多少数民族因当地气候湿热，又考虑到便于通风、防盗、防兽等功能，以木构架和竹料搭起底空上高的阁房，下部多为畜圈、碾米坊和储藏间等，沿室外楼梯上2～3层，有晒台和宽廊，后部是堂厅与寝室，屋顶斜度很陡，梁架两端开有采光通风窗。这里林木长年翠郁，层林之中错落露出竹木屋顶，形成了一幅美丽的边寨风景图画。

产生于云南、东北的井干式住宅在平面上两间横列，有平房和楼房两种，多处于密林深处，属较原始的建筑形式。在雨量匮乏而山石较多的西藏、青海、甘肃及四川西部，均以石材构成外墙，内部木构架密集而构成楼层和屋顶，城镇民居多以院落作为房屋的中心。西藏的 2 层楼宅则采用环抱小院的方式，下层设起居室、接待室、卧房、库房，上层则为经堂和储藏室。这种方形的以院落为中心的住宅在山地并不多见，山地住宅不设院子，多至 3 层，顶层常设经堂和厕所，2 层是卧室、厨房及储藏室，外墙多有木构挑楼，底层置畜栏草料房，全宅造型仿佛是一巨大方体被挖切掉若干小方体，寓变化于整体之中。

位于西北边陲的新疆地区建筑多属平顶土木结构，一种是南疆和阗等地的土坯、砖等混合的住宅，平面组合因地形而变，前廊筑有列拱，而前屋与后屋相连处精美的雕刻彩画，布置在室内的栏廊、墙面、壁龛、火炉与天花板等细部，色彩十分鲜艳。另一种是吐鲁番的土拱式建筑，以土坯花墙和拱门划分空间。

以游牧为主的蒙古、哈萨克等少数民族则以可移动的毡包为宅。每逢更换草场，便用牦牛或马匹驮运这些可活动的房屋以四处为家。毡包的结构是以木条编成发券形骨架，外罩羊毛毡，在顶部中央开一个圆形天窗。室内地面多铺兽皮或毛毡，火塘设在地表上。

6. 欧洲近代建筑

18 世纪末至 19 世纪初的欧洲，从希腊、罗马、哥特式建筑的复兴，发展到把这些古典建筑的特色进行拼凑，成了欧洲当时的时髦追求。其中比较重要的代表作有巴黎歌剧院、维也纳歌剧院和德国德累斯顿的宫廷剧院。在这些剧院建筑中，室内外都装饰得富丽堂皇、珠光宝气。在城市中心或地区建造了大批的公共建筑物，其中如英国的不列颠博物馆、苏格兰的爱丁堡等建筑具有古罗马希腊风采，英国国会大厦又是哥特式风格；在德国，争相兴建纪念堂、博物馆、凯旋门、剧院；在俄国彼得堡冬宫、海军部大厦那些拥有几十米高塔的建筑，端庄雄丽，新颖独特，加上它前面多条放射形的大道构成的广场烘托，更加显出了王者之风。

图 1-1-13　英国国会大厦

19世纪至20世纪初，这个阶段的特色是新建筑材料、新结构技术、新功能内容和新施工方法的不断出现，促进了建筑类型的增多和建筑形式的变化，也开始刺激着建筑思潮的急剧转变。

新材料应用建筑。最先是铁，铁被用作建筑的立柱、梁、屋架以及穹顶，其后又陆续采用了水泥和钢材，出现了钢筋混凝土结构，加上同其他材料如玻璃的配合运用，房屋建筑出现了飞跃的变化。铁架结构的代表作是1889年巴黎世界博览会中的埃菲尔铁塔，塔高达328米，17个月就建成了。另一个是1851年在英国伦敦海德公园的世界博览会中的"水晶宫"展览馆，长563米，宽124.4米，总建筑面积74000平方米，这座庞然大物只用了铁、木、玻璃三种材料。铁材料和钢筋混凝土结构的出现，使建筑向框架结构过渡并向高层建筑和大跨度建筑发展。19世纪70年代，在美国兴起的芝加哥学派是美国现代建筑的奠基者，在他们的影响下，高层建筑在美国也应运而生。纽约的帝国大厦号称102层，高381米，平均五天建造一层。它的高度和施工速度在很长一段时间内都保持着领先的地位。

图 1-1-14　埃菲尔铁塔

二、漫话现代建筑

历史在演变，建筑技术也在飞速地发展。现代建筑如果和传统建筑并排放在一起，可以发现现代建筑不仅要符合现代人生活的快速节奏的心态，也要符合现代人审美艺术的观念。在外观造型和立面装饰上要简洁得多，像一座座拔地而起的"水晶盒"。建筑随着科技发展像生产商品那样工厂化，提高了效率和生产速度。因此，现代建筑百化齐放，形态各异，已经进入到了一个新的阶段。

1. 蛋壳式建筑

蛋壳不到 1 毫米厚，但是你想把一枚蛋捏碎却并不容易，因为蛋壳式建筑具有很大的强度。壳体屋顶最初是支承在外墙上的，有时也支承在柱子上。壳体屋顶有时能一直延伸到地面，支撑在地面的基础上。这时，就分不清楚屋顶和外墙的界线，它既是屋顶又是外墙。薄壳结构便于施工，只要模板做得出来，混凝土就浇得出来。因此，壳体的屋顶结构被广泛地应用在跨度很大的建筑物上，像车站、停车场、展览厅、天文馆、体育馆、剧场等。

著名的澳大利亚悉尼歌剧院是由一个个半蛋壳式建筑矗立在悉尼市贝尼朗岬角上。它三面环水，在蓝天碧海的衬托下，这座洁白的建筑既像海滩上一堆堆美丽的贝壳，更像一面面鼓满风的船帆，优美动人。如今悉尼歌剧院已成为澳大利亚标志性建筑物。

图 1-2-1　悉尼歌剧院

墨西哥的霍奇米洛科餐

厅，外形像芭蕾舞演员的短裙，它是由 8 个马鞍形的单元组合而成的。这座优美别致的建筑物，以其奇特的外形吸引游客，在建筑上也增加了很多采光面积。

图 1-2-2　霍奇米洛科餐厅

巴西议会大厦由两只碗形建筑物构成，也是分不清什么是屋顶和墙身的壳体结构。这种屋顶和外墙连成一体的结构没有窗户，全部利用人工照明，光线稳定而均匀。天然光有强弱变化，早晚光线变化较大。建筑物的

图 1-2-3　巴西议会大厦

朝向对采光的影响较大，像陈列馆、美术馆、画室那样的建筑，就可以用人工照明，而不需要开窗口。现代建筑中又常常装有空调设备，没有窗户使室内温度更容易控制。

2. 阶梯式建筑

在一幢高层住宅里，住在较高层的住户虽然比较安静、有开阔的视线，但总有个缺点，就是缺少宽敞的院子。他们很羡慕底层的住户：前面有一片阳光充足的小院子，既可以种上些花草，也能晾晒衣服，夏天可在院子里乘凉吃饭，冬天可以晒晒太阳。有没有办法让高层住户也能享受阳光充足的小院子呢？有的，就是像台阶一样一层一层地向上收缩，上面一层比下面一层小，使每一层都有一只较为宽敞的小院，小院就在下面一层的房顶上，既不会挡住下面房间的阳光，更不会遮去下面小院的光线。各种

形式台阶式住宅现在造得很多，如德国慕尼黑市的台阶式住宅，就是不规则的形状。

图 1-2-4　慕尼黑市台阶式住宅

　　上面小下面大的台阶式建筑也有些缺点，那就是土地的利用不经济，同时最下面的房间太大，里面很难得到充足的阳光。另外一种台阶式建筑就是上下每一层一样大，使每层上下一样大小，这就成为一座斜伸的建筑物，外形真像楼梯了。为了使层数较多的像楼梯那样的台阶式建筑不倾倒，最简单的方法是在倾倒的一侧加上一列柱子支撑，柱子与建筑物之间形成一个很大的三角形空间，聪明的建筑师利用这种空间来布置游憩场所，种植花木，设置商店和餐厅等，把它称作"内院大厅"。美国旧金山市有一座18层高的海亚特旅馆，就是这样的建筑物。它的平面是三角形的，其中两边是直立的建筑，另一边是斜的台阶式建筑。它的顶部就靠在其中一边的直立高层建筑物上，这样，内部就形成了一个很高很大的"内院大厅"，里面布置有丰富多彩的项目，非常吸引人。这种"内院大厅"是现代建筑的一个特色，如图1-2-5 所示。

第一章　建筑模型知识

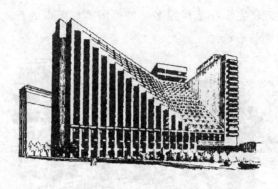

图 1-2-5　海亚特旅馆

3. 塔式建筑

无论是古代还是现代的塔，它的特点就是高高地伸向天空，在很远的地方都可以看到这引人注目的建筑。钢塔是依靠自身的构造就可以稳定地建在地基上的，称作自立式塔式结构，巴黎埃菲尔铁塔、东京电视塔都属于这一种。塔的下部构造展开的面积很大，愈到顶部愈收缩减小，这是为了保证在风压力作用下能够稳定。

在巴黎埃菲尔铁塔上可瞭望整个巴黎的风景。在塔内离地面57 米、115 米和 276 米的地方，各有瞭望的平台，上面还设有餐厅，是风景游览点，吸引了世界上成千上万的游客去观光。后来，在它的上面安装了电视广播天线设备，使之作为电视塔使用。巴黎埃菲尔铁塔曾经一度被人称为是地球上最高的灯柱和旗杆。

在我国东南部沿海的大城市上海，建成了一座亚洲第一高度的电视塔，它就是东方明珠电视塔，高度仅次于加拿大的多伦多电视塔和莫斯科奥斯坦金电视塔，是世界第三高的电视塔，高 468

余米，位于浦东开发区的黄浦江畔。三个球体外表面覆盖合金板材和镜面玻璃，在阳光下晶莹闪耀、熠熠生辉，夜间在灯光照射下光彩夺目，美不胜收。

说到塔式建筑，就会想到埃及著名的金字塔。经过数千年后，金字塔外形又在现代建筑中使用起来了。南美洲的巴西有座巴西利亚国家剧院就是一座金字塔形的建筑物。这种塔式建筑的坡度较埃及金字塔稍缓，顶部没有尖端。国家歌剧院四周没有一扇门和窗，外部加以石块状装饰，外观更酷似古代金字塔建筑；通风依靠良好的空调设施，采用人工照明，人们进出是通过地下通道。

美国旧金山市有一座泛美大楼，高44层，是一座金字塔形建筑。高层建筑采用这种形状，主要是为了提高稳定性。从几何学上知道，三角形的重心不在它高度一半的地方，而在高度一半以下，重心愈低，物体愈稳定，底面积愈大，也愈稳定。高层建筑受风的压力作用很大，重心低的金字塔形，可以大大增加抗风的能力。

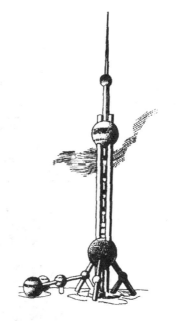

图 1-2-6　东方明珠电视塔

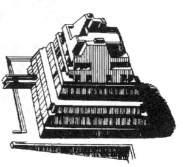

图 1-2-7　巴西利亚国家剧院

第一章　建筑模型知识

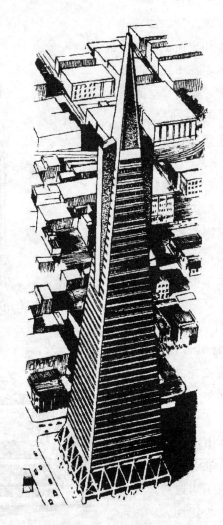

图 1-2-8　泛美大楼

4. 悬挂式建筑

悬挂人住的房屋的是一座坚固的高塔，在塔的顶部伸出成对的横梁或支架，在横梁上再挂上房屋。为了使这种建筑平衡稳定，大多是挂上成对的房屋，像一个人挑水一样，挑两桶水要比只挑一桶水容易平衡，两桶水的重心正好在人的肩上。悬挂式建筑大多设计成对称的形式，让重心位置在中心的塔上，使整个建筑比较稳定。

德国的巴伐利亚动力公司大楼，就是将四座圆柱形的建筑对称地挂在中间的高塔上。中间的塔高 25 层，挂着 4 座各 20 层高的圆柱形大楼，它们分别用一组粗大的钢索吊挂在从中间塔顶上伸出的挑梁支架上，就像挂着 4 只灯笼一般。图 1-2-9 所示的是正在施工的大楼。整个建筑物都是用钢筋混凝土建造的。把"庞然大物"用钢索挂起来，这到底有什么好处呢？它消耗的钢材少，能增加有效的使用面积，还有很好的抗地

图 1-2-9　巴伐利亚动力公司大楼

震性能，又可以减少基础的数量，减少基础不均匀的沉降等。就拿消耗钢材来说，常见的五六层的工房，结构比较简单，每平方米建筑面积平均也要消耗 20 千克以上的钢材，高层建筑消耗的钢材更多，一般 20～30 层的楼房，每平方米要用 70～80 千克；超过 30 层的高楼，每平方米甚至要用 100 千克以上的钢材。因此，用较少钢材能造出同样面积的房子来，就是优越的设计。

另外，既然房屋挂起来，其底部就离开地面了，挂着的房屋不需要做基础。德国的这座建筑，四座圆筒形大楼都不做基础，基础集中在中间的高塔上，基础的面积可以减小，做基础的材料

第一章　建筑模型知识

也就大为节约了。另外在遇到地震时,它要比其他建筑物安全,它的抗震性能比一般建筑物要好。还有一个特点是,悬挂起来的建筑物是从上面向下造的。悬挂式建筑还有一些其他的形式,有的像悬索桥一样有两座高塔,在两座高塔间挂起很大的建筑物。有的把两座高塔上端弯曲成拱形,合成一座圆拱,在圆拱上挂许多悬索,把建筑物挂在悬索上,如图 1-2-10 所示。悬挂式建筑有这么多的优点,所以很快地就发展起来。现在已有 20 多个国家建造了近百座各式各样的此类建筑物,有办公楼、住宅、医院,甚至有展览馆等,最高的达到 27 层 130 米高。

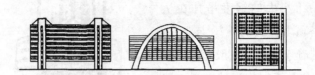

图 1-2-10　把建筑物挂在悬索上

在美国有座叫明尼阿波立斯联邦储备银行的悬挂式建筑,就是按照类似悬索桥的方式建造起来的。两侧的高塔和桥墩的作用相同,两座塔顶之间设有钢架,垂直的钢索就挂在钢架上,把十几层的建筑物挂了起来。银行的安全部分如银库、保险柜等都建造在地面

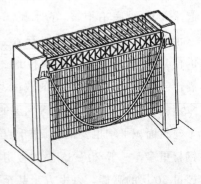

图 1-2-11　明尼阿波立斯联邦储备银行

以下,上面的建筑是 16 层的办公和管理部分,两座塔相距 100 米,整座建筑只有塔占用地面,16 层大楼下面架空成为广场,和外面的广场连为一体,充分利用宝贵的土地。

5. 摩天式建筑

高耸入云的建筑称为摩天大厦，还必须有一层一层的楼面上去，电视塔就不能算。怎样才算得上是摩天大厦呢？为了有一个比较统一的概念，在1972年召开的国际高层建筑会议上，规定了划分高层建筑的分类标准：第一类高层建筑，9～16层（最高50米）；第二类高层建筑，17～25层（最高75米）；第三类高层建筑，26～40层（最高100米）；第四类即超高层建筑，40层以上（100米以上）。要称得上摩天大厦，恐怕只有超高层建筑了。

摩天大楼的结构基本形式有三种：框架结构、剪刀墙结构和筒形结构。不同高度的摩天大楼采用相应的结构，或是它们的联合形式，如框架-剪刀墙结构、框架-筒结构。

新锦江酒店是44层高的框架结构建筑，也是设施齐全的高级宾馆，有各项服务设施，多功能宴会厅、游泳池、健身

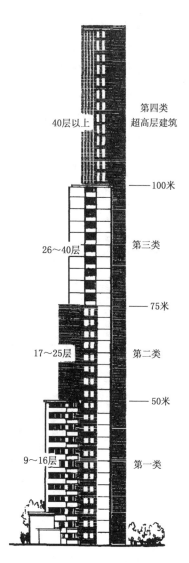

40层以上　第四类超高层建筑

——100米

26～40层　第三类

——75米

17～25层　第二类

——50米

9～16层　第一类

图 1-2-12　超高层建筑

青少年建筑模型制作

房、庭园等设施完善。顶部旋转餐厅位于标高 140.29 米处，层高 7.65 米，直径 42.45 米，旋转平台宽度 6 米。新锦江酒店主体结构是由 50 根钢柱组成的框架。地下一层，总高度 153.21 米，平面形式为八边形，裙房布置在东、南、西侧，组成正方形。第 41 层是旋转餐厅，呈圆形，有两部室外

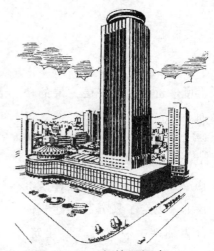

图 1-2-13 新锦江酒店

观光电梯可从进门大厅直达顶部，屋顶设有直升机停机坪。

广州国际大厦采用筒中筒结构，也是我国首次自行设计和施工的超高层钢筋混凝土结构，主楼 63 层。主楼平面长 35.1 米、

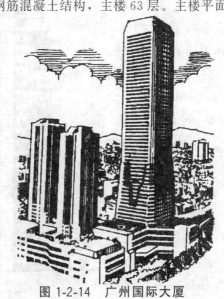

图 1-2-14 广州国际大厦

宽 37 米，近似正方形。每边各由 24 根矩形柱和四角异形柱组成框架外筒。内筒 17 米×23 米，是电梯、楼梯间，有电梯 15 部。它的总高度 197.14 米，屋顶有直升机停机坪，62 层为观光层。主楼外墙用铝合金板和铝合金窗组成，裙楼为化岗岩饰面。总建筑面积达 17.8 万平方米。值得一提的是，广州国际大厦是我国第一座智能化建筑。

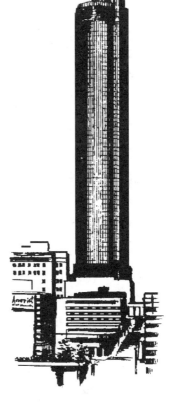

美国亚特兰大市的"桃树中心"，是一组为旅游服务的建筑物，其中最高的一座建筑物"桃树广场旅馆"，就是圆柱形的超高层建筑。它建成于 1975 年，有 70 层。圆柱形的塔楼直径为 35 米，外墙全部用金色的玻璃幕墙，塔楼坐落在 6 层高

图 1-2-15　亚特兰大市的"桃树中心"

的长方形裙楼上，颇具特色的是观光电梯，井附在塔楼外面，形成一条小型的玻璃镜面圆柱体，能眺望外部的城市景色，底座裙房中部是高敞的内院大厅，塔楼顶部有两层旋转餐厅。塔楼中的 56 层都是客房，有 1100 套客房。

现代摩天大楼层出不穷，世界各地正在竞相建造超高层建筑。

三、建筑物的基本构成

建筑物是由具体的物质材料构成，如砖瓦、木材、钢筋水泥等。建筑物具有人们生活、工作、学习等活动的实用功能，还满足人的精神感受。建筑的构成有 4 个要素：空间性、实用性、物质性和艺术性。

建筑物存在合理的空间：住房有地坪、屋顶和 4 个立墙围合成个人生活休闲的隐秘空间；桥梁有人与交通工具行走的跨越空间；纪念碑广场有给人们纪典、瞻仰的宽广空间。建筑具有满足人需求的实用功能，建筑物的构造决定用途，如学校、医院、剧场的构造不同也就决定其功能的不同。建筑由物质营造。从古老的石木房屋到现代化智能大厦，从简陋的工具到先进的设备，不管科学技术如何发展，基本材料是建筑物不可缺少的。人对物质有审美感，有不同情趣和精神的需求，对建筑也不例外，从建筑艺术发展的历史可以鲜明地看到这一点。

建筑物可按用途分类，也可按建筑物的主要承重结构材料和建筑物的结构形式来分类。

建筑物按用途分类，可分为：民用建筑，工业建筑，农业建筑和交通、休闲和纪典建筑。

建筑物按主要承重结构材料分类，可分为：砖木结构建筑，混合结构建筑，钢筋混凝土结构建筑和钢结构建筑。

建筑物按结构形式分类，可分为：叠砌式，框架式，部分框架式和空间结构。

建筑物的组成是由基础、墙和柱、楼地层、楼梯、屋顶、门窗等主要构件所组成。图 1-3-1 为一幢楼房组成构件的示意图。现将各部分构件的作用、要求等分述如下。

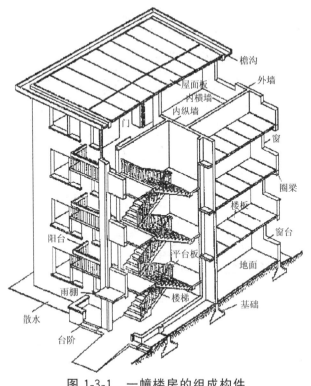

图中标注：檐沟、外墙、屋面板、内横墙、内纵墙、门、窗、圈梁、楼板、窗台、阳台、平台板、地面、雨棚、楼梯、基础、散水、台阶

图 1-3-1　一幢楼房的组成构件

1. 基础

基础是建筑物最下面的部分，埋在地面以下、地基之上的承重构件。它承受建筑物的全部荷载（包括基础自重），并将其传递到地基上，要求坚固、稳定，且能抵抗冰冻、地下水与化学侵蚀等。基础的大小、形式取决于荷载的大小、土壤性能、材料性质和承重方式。构造形式有条形、柱形及箱形等，如图 1-3-2 所示。

2. 墙和柱

墙是建筑物的承重及围护构件。墙的构造方法有叠砌式、浇

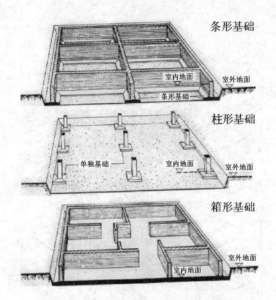

图 1-3-2 建筑基础的构造形式

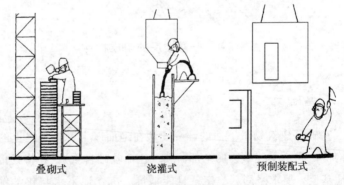

图 1-3-3 墙的构造方法

灌式和预制装配式，如图 1-3-3 所示。墙按其所在位置及作用，可分为外墙和内墙；按其本身结构，可分为承重墙和非承重墙。承重墙是垂直方向的承重构件，承受着屋顶、楼层等传来的荷载。有时为了扩大空间或结构要求，不采用墙承重，而用柱子承重。外墙应能起到抵抗风雪、寒暑及太阳辐射热的作用，分为勒脚、墙身和檐口三部分。勒脚是外墙与室外地面接近的部分，在室外地坪处设有排水沟或散水，起到防水渗入的作用；墙身设有门窗洞、过梁等构件；檐口为外墙与屋顶连接的部位。内墙用于分隔内部空间，除承重外，还能增加建筑物的坚固、稳定和刚性。非承重的内墙称为隔墙。图 1-3-4 所示的是一幢房屋平面中各墙的位置和名称。

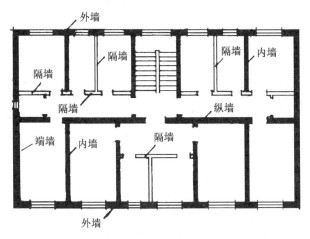

图 1-3-4　房屋平面中各墙的位置和名称

3. 楼地层

楼地层是建筑物水平方向的承重构件，分为楼层和地层。楼层将建筑物分隔为若干层，并将其荷载传递到墙或柱上。它对墙身还起水平支撑的作用。楼层主要构件包括楼板、主梁、次梁三部分，如图 1-3-5 所示。它应具有足够的坚固性、刚性、耐磨以及隔声等特性。地层贴近土壤，要求它坚固、耐磨、防潮与保温。

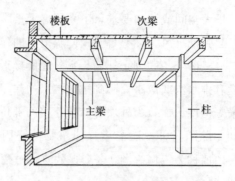

图 1-3-5　楼层主要构件

4. 楼梯

楼梯是多层建筑中的上下交通通道，应有足够的通行宽度和疏散能力，并符合坚固、稳定、耐磨、安全等要求。高层楼房除有电梯外，也设有楼梯。图 1-3-6 所示的是常见楼梯扶手的形式。

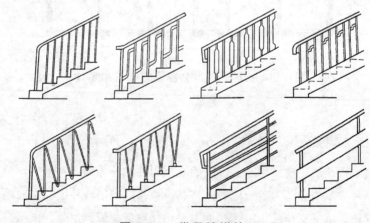

图 1-3-6　常见楼梯扶手

5. 屋顶

屋顶是建筑的顶部结构，形式有坡屋顶、平屋顶等，图1-3-7所示的是这两种屋顶的结构。屋顶由屋面及屋架组成：屋面用以防御风沙雨雪的侵袭和太阳的辐射；屋架支于墙或柱上，并将自重及屋面的荷载传至墙和柱上。屋顶应坚固、耐久、防渗漏，并能保温、隔热。图1-3-8所示的是常见屋顶的各种形式。

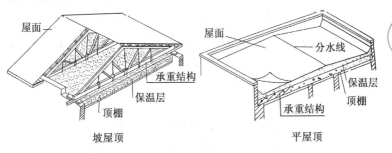

坡屋顶　　　　　　　　　　　平屋顶

图 1-3-7　两种屋顶结构

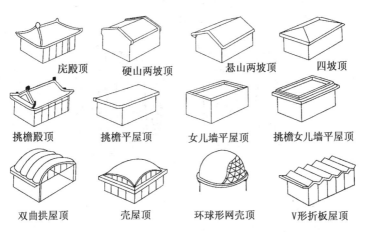

庑殿顶　　硬山两坡顶　　悬山两坡顶　　四坡顶

挑檐殿顶　挑檐平屋顶　女儿墙平屋顶　挑檐女儿墙平屋顶

双曲拱屋顶　壳屋顶　环球形网壳顶　V形折板屋顶

图 1-3-8　常见屋顶的各种形式

6. 门窗

门的大小、数量以及开关方向是根据通行能力、使用方便和防火要求决定的。窗用作采光和通风透气，它是围扩结构的一部分，亦须考虑保温、隔热、隔声、防风沙等要求。

门的类型很多：按方位分有外门、内门之别；按材料分有木门、钢门、塑料及铝合金门等；按门的开关方式分有平开门、弹簧门、推拉门等；此外尚有折门、吊折门、转门、卷门等，适用于大型公共建筑和工业建筑，如图 1-3-9 所示。门由门框、门梃、门板和门档等组成，当然还要有门锁、插销、铰链和把手等五金配件，图 1-3-10 为门的构造。

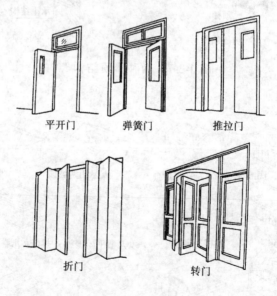

平开门　　　　弹簧门　　　　推拉门

折门　　　　　　转门

图 1-3-9　各种门

窗的分类因材料不同而有木窗、钢窗及铝合金窗等。若按开

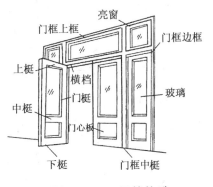

图 1-3-10 门的构造

关方式分则有固定窗、平开窗（分撑窗与翻窗）、转窗（中悬式）及推拉窗等。图 1-3-11 所示的是各式窗开启方式。

　　窗户常由窗框、窗梃、玻璃及窗台板等部分组成，配上一些铰链、插销、窗锁、拉手、窗碰头、窗钩等五金配件。图 1-3-12 为常见窗的构造。

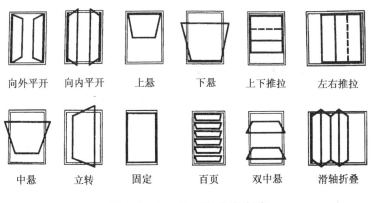

| 向外平开 | 向内平开 | 上悬 | 下悬 | 上下推拉 | 左右推拉 |
| 中悬 | 立转 | 固定 | 百页 | 双中悬 | 滑轴折叠 |

图 1-3-11　各式窗开启方式

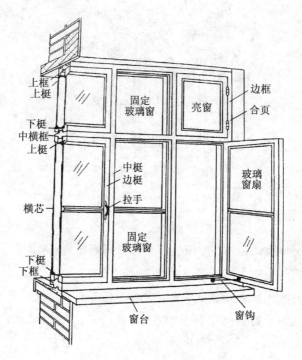

上框
上梃

固定
玻璃窗

亮窗

边框

合页

下梃
中横框
上梃

中梃
边梃

拉手

横芯

玻璃
窗扇

固定
玻璃窗

下梃
下框

窗台

窗钩

图 1-3-12　常见窗的构造

四、建筑模型的意义与作用

有了建筑，也就有了建筑模型。建筑模型是一种以三维的立体形式，采用纸、木材、塑料等多种材料，包括采用现代新颖高科技材料，利用电脑机械和手工技术，形象具体地表现出建筑设计思想和效果的造型。建筑模型与建筑长期共同发展，建筑模型以及建筑模型制作活动具有客观性、艺术性、教育性和创造性。

1. 建筑模型的客观性

建筑模型是以缩比的原型，客观地反映了建筑师的设计意图

和展示已完成的建筑原型。建筑师的意图是将相关联的设计理念
实现出来。建筑不仅要求建筑师满足对特定空间的使用，还要满
足人们在空间中各种活动的需要，而且要求他们必须以可塑造的
实体来呈现设计理想。设计可由平面图纸和立体模型表达。通过
图纸和模型，设计的过程被记录下来并被理解。平面图纸是建筑
师体现设计思想的一种媒介。立体模型则是建筑工作中伴随图纸
不可或缺的工具。初步的模型可满足图纸的变动和多样性的需
求。具体形象的实体可弥补图纸平面的不足，为建筑施工单位和
工程技术人员提供建筑的构造，便于施工操作。现代科技已显示

出电脑取代绘图和模型制作的可能性，但肯定地说，从我们的实
际工作中可知电脑CAD无法完全替代建筑材质的效果，不能雕
塑成型及建立直观空间的关系。图1-4-1所示的是某一个建筑模
型与实际建筑的对照，上图是一个住宅设计模型，下图是实际工
程完毕后的实貌。制作的建筑模型基本客观反映了实体建筑。

图 1-4-1　一个建筑模型与实际建筑的对照

第一章　建筑模型知识

建筑模型还为城市规划、房地产开发、设计招标、风貌体现、展览教育等服务，特别为开发区旅游业的开发和房地产宣传提供展示媒体，使公众、投资者或购房者对其建筑计划、特色、风格等有所了解。建筑模型以其特有的微缩形象，真实地表现出小区、建筑楼群等的立体空间效果。人们除了通过视觉感受到建筑物的存在，还可通过触觉来感受建筑物的真实。它的表现力和感受力是建筑设计中的透视效果图、立体图和剖面图等无法替代的。建筑模型不仅能表现单体或群体的建筑本身、规划小区以及一座城市，还可展示建筑的局部或细部；它不仅可表现建筑的外部造型，还可展示建筑周围的环境空间。图 1-4-2 所示的是某一房地产展示模型。由于建筑模型有真实客观的特点，它还可应用到影视业上，在一些电视、电影拍摄和后期制作中发挥作用，惟妙惟肖地反映过去历史建筑的形象和效果。

图 1-4-2　房地产展示模型

2. 建筑模型的艺术性

建筑是表现空间的艺术，建筑模型是表现建筑的艺术品。建筑模型既要表现出建筑物的实体形象,又要与建筑物实体有所区别。它是制作者用各种技术和技巧将各种不同的材料通过巧妙构思和精心设计制作而成的一件微缩艺术品,能给人们带来艺术和美的享受。制作建筑模型需对基本材料进行精细加工,并对外部进行镀层、涂料、增光、凹凸换压、复合处理等,使之充分发挥工艺效果,使建筑模型有身临其境和以假乱真的视觉作用,让人得到美的享受。因此,建筑模型制作和设计必须有艺术性的原则。同时,模型制作的目的和意义与一般的造型艺术有所不同,它必须坚持科学和艺术相结合的原则,要客观、真实地展示建筑的形象,不能任意变形、夸张或失真。同时尽可能地采用先进工具、新颖材料和工艺手法,讲究精工细作和表现风格,使建筑模型成为精美的艺术作品。

建筑模型与一般的造型工艺(模特绘画或雕塑制作)相比有所不同,它还可以表现目前生活中还不存在的物体。所以,它必须按超前性原则,创造性地去表现实体形象。建筑空间是由基本的体、面、线组成的,通过体量、板面、柱体来表现建筑艺术。同样以体量、板面和柱体创新塑造新颖的建筑模型。每一个有思想的人,根据对科学和艺术的理解,以及对生活工作活动的需要,都可以创造性地设计建筑,并用模型体现建筑的立体构成。至于能不能成功,取决于此创造性建筑的科学性与艺术性是否高度统一,是否取得人们共同的认可。图1-4-3所示的是一个学生设计的建筑物模型。

3. 建筑模型的教育性

建筑模型的教育性体现在青少年建筑模型的科技活动中。青少年参与建筑模型的制作活动,有利于激发他们的学习兴趣;有利于他们学习科学知识;有利于他们全面提高科学能力;还有利

第一章 建筑模型知识

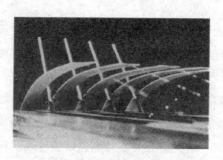

图 1-4-3　一个设计的建筑物模型

于他们形成良好的科学品质。

　　青少年对建筑具有浓厚兴趣，青少年参与建筑模型科技活动和其他模型活动一样，以自愿和主体的身份加入。为此，首先要接触自然、了解社会、亲临生活，了解建筑的有关知识，然后亲自动手实践，进行模型设计和制作。亲身体验制作活动带来的苦与乐，将进一步激发他们的求知欲望，巩固兴趣。有效的认知过程是从兴趣和好奇心开始，并在实践活动中形成的。充分参与、自主学习的科技制作活动将驱使他们主动探索自然的奥秘、追求真理。

4. 建筑模型的创造性

　　青少年建筑模型科技活动的内容是丰富的，形式多种多样。它没有课堂、课本的限制。在活动中可根据学生多方面的兴趣和实际需求，了解力学、美学、材料学、环境保护和历史等多领域、多学科知识，渗透现代科学技术的新理论、新技术。这对于开拓少年儿童的科学视野，满足他们对新知识的渴求，吸引他们关注科学技术的最新发展，具有不可替代的作用。

　　青少年建筑模型科技活动是一种综合性和创造性的实践活动，对促进青少年各种能力的发展具有明显的优越性。因为在活动过程中，他们要像科学家一样去获取和更新知识，发现问题、分析问题、解决问题；要像工程师一样去构思方案，设计图纸，制订计划、找资料、做实验，直至完成一项建筑模型的作品。实践过程，能提高思维能力、动手能力和创造能力。

青少年开始对建筑模型只是出于好奇心，通过一系列制作实践活动进一步发展为对科学的兴趣；当积累了较多的科学知识，这种兴趣就会发展成对事业的追求而形成志趣，进而与对祖国的热爱联系在一起，而形成长大做一个建筑工作者的志向。这种升华有利于青少年形成顽强的意志品质和乐观进取的性格，树立科学的世界观和建设伟大祖国的崇高理想。

五、建筑模型的分类

建筑模型分类可采用各种方法，在建筑模型设计和制作方面分类术语会在不同的场合经常互换。尽管没有这样的标准，但从青少年建筑模型活动实践出发，建筑模型主要按用途来分类，基本上可分为设计模型、表现模型、展示模型和特殊模型四大类。

1. 设计模型

设计模型不仅仅是建筑设计师在设计过程中所需的一种工作模型，青少年在学习科学技术，发挥聪明才智创造发明新颖的建筑物过程中，也可以采用设计模型。设计模型是一个过程性模型，当一个创新灵感产生，用一个快速、粗糙的建筑法来构思想象中的建筑物，用模型来体现立体三维的物体。这个模型即称为设计模型。这类模型也不是单个的，是多个过程模型的组合，是多个局部模型的组合。它以建筑物单体或群体的组合、拼接来探讨设计方案，是一种用实际制作替代用笔绘画的建筑设计的立体化草图，不需要很高的精度，只需要整体效果和准确的比例。它可用体块模型来表现建筑造型；用框架模型来分析解剖结构；用剖面模型来推敲内部，展示内部结构；用沙盘模型来说明周围环境，展示建筑布局，图 1-5-1 所示的是上述几类模型。设计模型一般要经历设计图与制作模型的三个阶段。

设计模型分为三个阶段，几乎和工程设计的三个过程相符合。第一，概念设计阶段，首先构思草案，画出概念性草图，可以从局部到整体；随后制作各类概念性模型。第二，示图设计阶段，从设计到实施工程需要图纸反映建筑，需要边绘出工程图边制作工作模型，工作模型可以正确体现建筑设计思想。最后是执行阶段，绘出实际建筑平面图，制作出实际模型。图 1-5-2 所示的是某一个设计师从图到模型的最终设计方案。设计主题是要创造一个人工的地平线，随着时光的流逝，人们观看它的距离和角度呈现各种各样的变化，从而融入永恒的时空中去。

在每一个制作阶段过程中会出现与制作模型相关的材料或工具，甚至不同的设计制作阶段有

图 1-5-1　各类设计模型

不同的要求。因此，制作一个概念性模型并不需要特别的材料和工具，但要求所需材料必须尽快取得，随时可得，并且它们应该

是容易被雕塑和制作的。在制作工作模型阶段的要求是，所建筑的主体或建筑主体类群模型必须是可相互更替的，并且要呈现出主要的形式特征，实际模型则给人一个清楚的说明。此外，制作过程的模型，还应该能满足造型

图 1-5-2　设计模型

美学的需求：模型材料外表和颜色应具有一定的意义，并达到艺术的效果。设计模型材料上的关系和对比，以及设计图所决定的空间关系，都可以被转换和反复强调，用以突出效果。最后在实际模型中也可以排列解说词、比例和方向陈述（一般用指北方向箭头），并考虑如何运送实际模型对外展示，并对该模型进行拆分、包装。

2. 表现模型

表现模型是表现实际建筑的模型。不管是古老的宫殿庙宇还是现代的高层建筑群，是独立高耸的单体大厦还是小桥流水的花园景观，都能用表现模型来表达。最好的表现模型是以建筑设计的总图、平面图、立体图和透视效果图为依据，按精确的比例微缩，并根据原建筑和原方案的设计要求，在材料、色彩上选择符合其设计构思的效果进行制作的模型。但表现模型还不是单纯地按图或按物准确复制，它也可以是一种艺术的再创造，它要将设计者图纸上的意图和方案转换为形象的实体。它比上述设计模型更精致、更准确和更具艺术性。因此，表现模型是一种表现建筑的重要方法，常应用于建筑报批、投标审核、施工参考和广告宣传等方面。图 1-5-3 所示的是某规划小区的模型。

第一章　建筑模型知识

图 1-5-3　表现模型

3. 展示模型

展示模型工艺精致，追求材料与色彩的效果，富有装饰性、形象性和真实性，有一种强烈的艺术感染力。为此，展示模型的制作在一定程度上可以突破图纸的束缚，在建筑物的高度、空间和装饰等方面作

图 1-5-4　展示模型

适当的艺术夸张，以达到预期的视觉效果。展示模型一般应用于城市风貌的展示、社区建设的展示、展览馆展品的展示以及旅游业的宣传等。图 1-5-4 为展示造型模型。

展示模型的表现手段可以是多种的：可用现代的光源装饰，显示建筑物立体美感；外部可在模型底盘或模型外部装置射灯；内部灯光从每幢房屋每扇透明门窗发出；道路有路灯等。动态模型使用自动控制的机电装置，使建筑可动部位旋转或摇动，如游乐场的各种设施，高楼旋转顶部等；动态展示模型中的活动部分，如吊车、小汽车、火车、水流等，则要将转盘（电动）、齿轮、连带、小轨道、滑轨、水泵等机械组装在底盘或展示模型内部，结合程序控制设备，按顺序带动电动机并操纵机械演示各种需要的动作。

4. 特别模型

特别模型一种是指超大型的表现或展示模型。如深圳的"锦绣中华"、上海的"中华民俗村"、北京的"世界公园"等大型特殊微缩模型。一个超大型的模型所占面积为几百平方米，人们可以在那里花几小时的时间走遍"世界"，畅游"中华"，世界各地的著名建筑、名山大川及风俗民居都一览无遗。这些模型长期放置在室外，太阳晒、风吹雨淋容易损坏，因此，

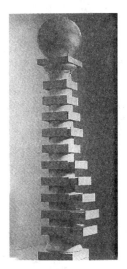

图 1-5-5　抽屉式圆柱

不能用一般的塑料、木板来制作，要用建筑材料如水泥、钢筋来构筑框架和浇制构件。有专用陶瓷刻模涂釉烧制成砖瓦砌成建筑，也有用环氧树脂、玻璃纤维布脱模制作的。用这种材料做成的建筑模型防晒、防水，可较长时间放在室外供人游览观赏。这些模型一般可用于旅游和影视等领域。

另一种是指一些抽象的单件物体的模型，主要应用于艺术造型和产品塑造领域。比例通常是 1：1 到 1：10，这样的模型经常是在创作设计的最终阶段被制作成典型模型，它的大小、品质和色调已与实物产品、艺术作品相差不大。图 1-5-5 所示的是一个集新颖抽象艺术品与家具于一体的物体——抽屉式圆柱，比例为 1：15，制作时使用枫木材料，原木色。

六、建筑模型识图

制作设计、表现或展示类建筑模型都需要各类图纸。认识各类图纸是制作建筑模型的基本技术。图纸的基本功能就是把立体

的建筑物形状、大小准确地用平面表现出来。

制作表现类模型一定要具备比较完整的图纸，而且模型的图纸一般要使用正规的建筑施工图纸。制作外形的建筑模型则需有关平面、立面的全部图纸。平面图纸包括总平面图、各楼层平面图、屋顶平面图。立面图纸应包括东、南、西、北面侧视图，如图 1-6-1 所示。

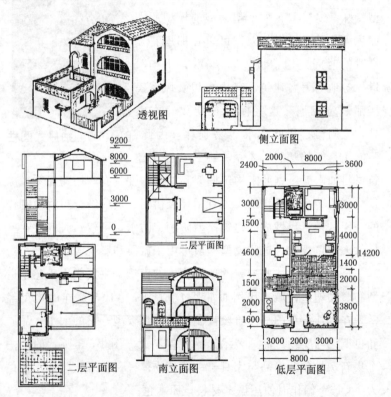

透视图

侧立面图

三层平面图

二层平面图

南立面图

低层平面图

图 1-6-1　建筑模型立面图纸

制作设计类建筑模型，可以一边绘制草图，一边用容易处理的材料进行制作。而制作展示类建筑模型时，如果缺少有关建筑平面图或立面图，则可实地测绘，或拍照取得各立面外形尺寸，再相应地绘制图纸，然后制作模型。

建筑图纸通常有正视图、轴测图、透视图、剖面图和平面图等。这些图的共同特点是为了全面认识建筑物的各个方面。

1. 正视图

一组平行光投射于物体，在物体受光面上可以得到一个投视图，它的背后是一个投影图。一个投视图能够准确地表现出物体一个面的形状和大小，但是还不能表现出物体的全部形状。如果物体受到三组相互垂直的平行光照射时，就可得到这个物体的三个方面的投视图。一个物体用三个投视图结合起来就能基本反映它的全部形状和大小。这些图都是平行光对正面物体投射得到的，称为正视图。图1-6-2（a）所示的是一幢房子的三个立面的正视图，因为是房子的南、东和屋顶面，故称为南立面图、东立面图和屋顶面图；把南面作正面，东面为侧面，屋顶为俯面，则

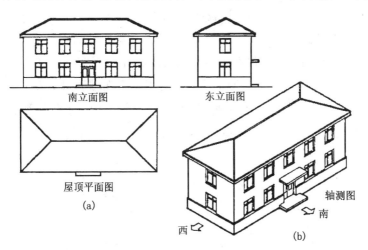

图1-6-2　一幢建筑三个立面的正视图及轴测图

又称为正视图、侧视图和俯视图。

三个图之间有"三等"关系，即正视图与侧视图等高；正视图与俯视图等长；俯视图与侧视图等宽。另外物体具有上下、前后、左右（或长、宽、高）三个方向的形状和大小。在三个投视图中，每个投视图都反映其中两个方向的关系，即正立投视图反映物体的左、右和上、下关系，不反映前、后关系；俯视投视图反映物体的前、后和左、右关系；不反映上、下关系；侧投视图反映物体的上、下和前、后关系，不反映左、右关系。

2. 轴测图

轴测图是一种画法比较简单并在一个图形上能表示一个物体三个面的立体图。一组平行光在一定角度（能看到三个面）对物体投射，在物体受光面上得到的一个投视图称为轴测图。

前面所谈的三面正投影图，是用俯视投视、正立投视、侧投视这三个图形，共同反映一个物体的形状。它不容易看懂。而轴测图则是用一个图形直接表示物体的立体形状，有立体感，比较容易看懂。图 1-6-2（b）中的房屋立体图就是轴测图。

可是轴测图常常不能准确地反映物体的真实形状和比例尺寸。如图 1-6-3 所示的桌面实际是矩形，但在轴测图中表现为平行四边形，90°角表现为钝角或锐角。故轴测图一般供模型制作参考之用，实际使用还需正视图且标出具体尺寸。

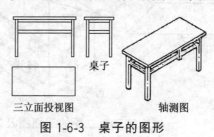

桌子

三立面投视图　　　　　　　　　　　轴测图

图 1-6-3　桌子的图形

3. 透视图

从某一中心点光源向物体投射而获得影像的方法，称为中心投影法，得到的投视图称为透视图，如图 1-6-4 所示。透视图与人的眼睛视觉习惯相仿，能体现近大远小的效果，所以形象逼真，具有丰富的立体感。但作图比较麻烦，度量性较差，常用来表示建筑物的效果图。图 1-6-5 所示的是某建筑物的一组透视图。

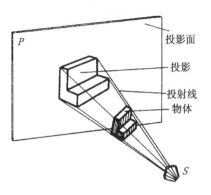

图 1-6-4　椅子的透视图

图 1-6-5　建筑物的透视图

4. 剖面图和平面图

为了看到建筑物的内部结构，假想用一个水平方向截面来剖切平面，图 1-6-6 表示沿房屋建筑窗台板偏上的部位将房屋水平

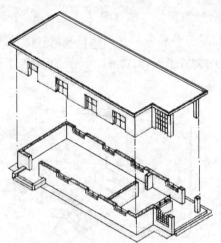

图 1-6-6　房屋的水平剖面图

切断，得到一张建筑的水平剖面图。移去剖切平面上面的部分，而将留下的部分作俯视水平投视，这样所形成的图样称为房屋的建筑水平面图（简称平面图）。图 1-6-7 所示的就是

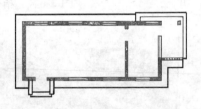

图 1-6-7　房屋的建筑平面图

这个房屋的建筑平面图。若一幢楼房各层的房间分隔都不相同，则楼的每层都应绘制出平面图；如果一幢楼房中间各层的平面分割都完全相同，则可以只画出其中的一层平面图，这个平面图通常称为标准层平面图。

房屋的建筑平面图主要用来表示房屋的平面形状、内部布置和装饰情况。建筑平面图的布置一般包括房间、楼梯、走廊、门厅、过厅、门窗、台阶等及其相对位置。建筑平面图是房屋内部施工放线、墙体砌筑、门窗安装的重要依据，也是制作建筑物内部结构模型必须掌握的重要图纸。

同样如此，假想用一个垂直于外墙线的垂直线剖切，把房屋沿垂直方向 1-1 切开后，移去剖切平面前面部分，将剩余部分作垂直于剖切平面方向的正投视所形成的图样，简称为建筑剖面图。它分为横剖面图和纵剖面图两种。图 1-6-8 即为房屋的横剖面所形成的示意图，图 1-6-9 是这个房屋横向剖切的剖面图；图 1-6-10 为房屋的纵向剖切形成的示意图，图 1-6-11 是这幢房屋沿 2-2 纵剖的剖面图。

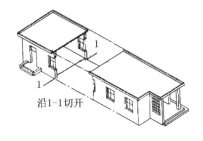

图 1-6-8　房屋横向剖切

1-1剖面图

图 1-6-9　房屋横剖面图

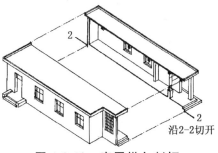

沿2-2切开

图 1-6-10　房屋纵向剖切

第一章　建筑模型知识

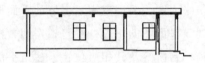

图 1-6-11　房屋纵剖切图

　　建筑剖面图主要表示房屋建筑的内部结构形式和竖向构造情况，如楼层的结构形式、楼地面的构造及标高等。建筑剖面图的剖切位置一般选择在房屋内部空间变化比较复杂的部位，一般都通过门厅或楼梯间。为了充分表达房屋内部构造组合情况，往往需要绘制出几个不同位置或不同方向的剖面图。

　　通过上述介绍可以看出，一幢房屋只有通过立面、平面和剖面这三种不同的图样相互配合，才能够完整地表达房屋的整体情况。所以房屋建筑的平、立、剖面图是建筑物的基本图。

　　本节一开始介绍的图 1-6-1 是一张小别墅的施工图，这些图就是用上述的基本方法绘制的。有了这个图就可以施工建房，当然也可以制作建筑模型。

七、建筑模型放样

　　有了建筑物的各立面图和模型底盘总平面设计图纸，还需要根据模型尺寸的要求，按比例准确地绘画在加工材料上，然后进行切割、黏合成建筑模型立体框架，再进行表面装饰。这个过程称之为放样，放样是建筑模型制作的重要环节。放样有以下几个步骤：

1. 模型比例

　　模型比例是模型与原型（即实际建筑物）的尺寸之比。在确定模型制作方案时，应注意选择比较合适的比例，模型的比例涉及工时、材料、精度、运输、成本核算等一系列问题。一般来讲，比例小的模型精度较低，比例较大的模型精度要求高。比例较大的模型，如门窗、阳台、墙面、地面装饰等尺寸较大，应制作得较为精细；而比例小的模型细部可以省略，有的可粘贴线条或方形表示。

建筑物（原型）图纸中所标注的尺寸乘以模型比例，即为模型相应部分的尺寸。例如模型比例为1:100，实际建筑物的窗高为1.8米、宽为1米，则在模型中窗高为1.8厘米（1.8米×1/100）、宽为1厘米（1米×1/100）。

放样时可用三棱比例尺来缩放。也可用复印机缩放图纸，但要求图纸绘制准确。用复印的缩放图纸来放样时一定要注意核对尺寸误差，及时校准，以免出现制作上的误差，造成材料报废，影响制作进度。在放样时一定要核对底盘的平面图尺寸是否与模型相符。

2. 放样前的材料切割

建筑图的平面图和立面图是构成建筑模型立体框架的主要依据，因此，在切割大面积板材时要注意以下几点。

（1）尽可能将建筑模型各立面和平面按次序排列在一块板材上。这样在放样画线时，同样尺寸的线可以一次画成，省时而且误差小。

（2）节约材料。放样时，材料的切割如同裁布做衣服，套裁能节约材料。

（3）稳定模型。在套裁材料时，要注意各面与连续折面的排列程序（实际上是建筑模型各个立面的展开，如图1-7-1所示）。在折面时，要考虑折线的平面系数，

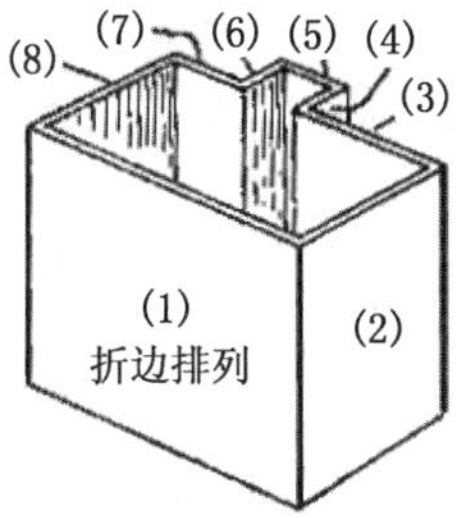

图 1-7-1　折面排列顺序

第一章　建筑模型知识

折线不宜过多，以免影响整个建筑物的垂直面和平面的稳定；同时还要考虑最后涂漆、装饰的可操作性。

3. 正式放样

正式放样时，需根据不同材料绘制作图。

（1）模型底盘处理。先在合适的模型底盘板上涂漆（颜色为一般道路的颜色）处理，再绘制模型底盘的总平面图。底盘上的凹凸部分，如河、池、高地等，待以后再涂漆绘制。

（2）木板（如三夹板等）打磨平整后用铅笔绘制外形线和门窗裁割线，不能用墨水笔或圆珠笔以及可能被漆融化的颜色绘制，以免在喷涂颜色时渗透杂色影响模型的外观。

（3）在塑料板、金属板等材料上绘制的加工线容易擦掉，可用手术刀或美工刀在材料反面划线。刻划时用刀尖刻划，线条细、精度高，不易擦掉，而且尺寸要正确，错了就难以擦掉，刻线不要太深，以保持正面光洁。刻线不清楚时，可用手擦一擦，使刻线痕中嵌进一点杂质，刻线痕就会清楚了。另外，由于必须是反面刻线，因此注意正反方向不要搞错。

（4）放样与制图一样，只是放样更简洁，要求表示出各个加工部分，如外形、门窗开孔的大小及位置等。

（5）卡纸的放样与塑料板的放样相同，卡纸还可在上面直接用颜料涂色，绘制平、立面图再加工成形。这种方法可用于教学活动上，以培养设计、绘画、结构等形象思维能力和动手创造能力。

八、建筑模型制作设计

完成了一项设计后，接着需要制作建筑模型；或者接受了一项展示或表现等类型的建筑模型的制作任务，就要考虑如何去完美制作，达到该设计或任务的要求。而制作前则需要设计，建筑模型制作设计主要是从制作角度上进行构思的。建筑模型制作设计可以分为两大部分，即建筑主体模型的制作设计和建筑模型配景的制作设计。从图 1-5-3 中可看到高耸的几幢建筑物是主体建筑，而街道、围墙、绿化等则是配景。

1. 建筑主体模型的制作设计

建筑主体是建筑模型的重要部分。建筑主体一般是由个体或群体建筑组成。建筑主体制作设计的优劣，往往决定着建筑模型制作的成败。

在建筑模型制作设计前，首先要取得建筑模型制作所需要的全部图纸。无论是建筑主体的组合方式与类别还是模型的用途、大小比例有何不同，制作模型前，都要以建筑设计图纸为依据。一般展示类的模型要有总平面图，图中标有建筑物的位置、类型、大小、高度等数据，还需要提供相应的主建筑物的立面图或轴测图等。最起码要提供建筑物的照片或外形草图。制作单体或群体建筑物的表现类模型，则要求具备总平面图及建筑单体的立面图、各层平面图和剖面图，提供详细的细节。模型的比例越大，提供的细节应该越多，如外墙下水管的位置、门庭的构造等等。

当然进行建筑主体制作设计不是简单、机械地照图施工。建筑模型制作是一种造型艺术，它所追求的是一种形式的美。这种形式的美需要制作者深刻理解所制作建筑物的风格，了解建筑物的特点，才能使建筑主体模型制作超凡脱俗，体现艺术魅力之所在。因此，在建筑主体制作设计时，要从以下几方面着重考虑。

（1）建筑模型总体与局部的关系。在进行建筑模型主体设计时，最主要的是把握与总体的关系。所谓总体，就是根据建筑物主体的风格、造型和特点等，从宏观上控制建筑模型主体制作的选材、制作工艺及制作深度等诸要素。在上述诸要素中，制作深度是一个很难掌握的要素。所谓深度，是指人感觉物体形态的理解度和细化的程度。一般人认为，制作深度越深越好。其实这只是一种片面的认识。实际上制作深度没有绝对的，而是相对的，是随其整体的主次关系、模型比例的变化而变化。只有这样，才能做到重点突出和避免程式化。图 1-8-1 所示的是一个 1：1000 比例的模型，中间主建筑物模型刻画较有深度，局部建筑物几乎用体块制作，保证突出重点，处理好主次关系。

图 1-8-1　1：1000 的模型

　　把握总体与局部的关系时，我们还应该结合整体建筑模型设计的周围环境进行综合考虑。这是因为，作为每一组建筑模型的主体，从总体上看，都是由若干个体块、立面和柱体等进行不同的组合而形成。但从局部来看，造型上都存在着很大的个体差异性。然而，这种个体差异性决定了建筑模型制作工艺和材料的选定。因此在进行建筑模型主体制作设计时，一定要结合局部的个体差异性进行综合考虑。

　　（2）模型材料的选择。在选择制作建筑模型的材料时，一般是根据建筑主体的风格、形式和造型进行选择。一般设计类模型，要求取材容易、加工容易，泡沫块、卡纸和上次模型制作剩余物都是很好的材料。而制作表现类和展示类模型材料的要求较高，要体现建筑物的质地和形态。图 1-8-2 所示的是同一个设计模型分别采用四种材料制作的效果。

泡沫块

黏土

杉木

在制作古建筑模型时，一般较多地采用松木、杉木等为主体材料。因为，用这种材料制作古建筑模型，具有与当时的建筑材料相同的效果。同时，从加工制作的角度上来看，也利于古建筑的表现。

在制作现代建筑模型时，体现现代建筑物的金属、玻璃等光

有机玻璃

图 1-8-2　一种模型用四种材料制作

洁明亮的建筑材料，一般较多地采用硬质塑料类材料，如有机玻璃板、ABS 板、PVC 卡纸板等。因为，这些材料质地硬而挺括，可塑性和着色性强，经过加工制作，可以达到极高的仿真程度，特别适合于现代建筑的表现。

另外，在选择制作建筑模型材料时，还要参考建筑模型的类型、比例和模型细部表现深度等诸要素进行选择。一般来说，材料质地密度越大、越硬，越利于建筑模型细部的表现和塑造。总之，制作建筑模型材料的选择应根据制作表现对象而进行。

（3）预测模型效果的表现。建筑模型主体是一个具有三维空

间的建筑物。它是根据设计人员的平面和立面图组合而成的。但有时由于方案的设计深度和建筑模型制作比例等因素的限制，建筑模型很难达到制作预想的要求并得到最终的效果。所以，模型制作者在制作模型前，应根据图纸及设计人员的表现要求，进行建筑模型立面表现的二次设计。但这里应该指出的是，这种设计是以不改变原有建筑设计为前提。

在进行建筑立面表现设计时，首先将设计人员提供的立面图缩放至实际制作尺度。然后，对建筑物的最大立面与最小立面、最简单立面与最复杂立面进行对比观察。观察中，我们不难发现，设计人员提供原设计图纸比例若大于实际制作比例时，其立面就容易产生过繁现象，这时就要考虑在具体制作时进行适当简化。反之，若设计人员提供原设计图纸比例小于实际制作比例时，其立面就容易产生过简现象，这时就要与原设计人员协商，进行适当调整，以取得最佳的制作效果。

此外，在进行建筑立面表现设计时，还应充分考虑到，建筑设计图纸的立面所呈现的是平面线条效果，而建筑模型的立面是具有凹凸变化的立体效果。所以，在进行建筑立面表现设计时，一定要注意模型制作尺度、表现手法和实际效果，这种效果表现一定要适度，最终不应破坏建筑模型的整体效果。

（4）建筑模型色彩处理。建筑模型的色彩与实体建筑的色彩不同。就其表现形式而言，建筑模型的色彩表现形式有两种：一种是利用建筑模型材料自身的色彩，这种表现形式体现的是一种纯朴、自然的美；另一种是利用各种涂料进行表层喷涂，产生色彩效果，这种表现形式体现的是一种外在的形式美。在当今的建筑模型制作中，较多地采用了后一种形式进行色彩处理。

在利用各种涂料进行建筑模型色彩处理时，模型制作者一定要根据表现对象及所要采用的色彩种类、色相、明度等进行制作设计。在进行制作设计时，首先，应特别注意色彩的整体效果。因为，建筑模型要在较小尺度的空间反映个体或群体建筑的全貌，每一种色彩都同时映射入观者眼中，产生综合的视觉感受，哪怕是再小的一块色彩，若处理不当，都会影响整体的色彩效果。所以，在建筑模型的色彩设计与使用时，应特别注意色彩的整体效果。

其次，建筑模型的色彩具有较强的装饰性。建筑模型就其本质而言，是缩微后的建筑物，因而，其色彩也应作相应的变化。若干建筑模型的色彩一味追求实体建筑与材料的色彩，那么呈现在观者眼中的建筑模型色彩感反而显得不真实。

此外，还应注意建筑模型色彩的多变性。多变性是指由于建筑模型的材质、加工技巧不同，色彩的种类与物理特性也不同，同样的色彩所呈现的效果就不同。如：纸、木质类材料的质地较疏松，具有较强的吸附性，着色后色彩无光，即明度降低。而有机玻璃、ABS板等化工类材料，质地紧密且吸附性弱，着色后色彩感觉明快。

又如，在众多的色彩中，蓝色、绿色等明度较低，属冷色调的色彩，处理在建筑模型表面时，会给人造成体量收缩的视觉。红色、黄色等明度较高，属暖色调的色彩，处理在建筑模型表层时，则会给人造成体量膨胀的感觉。但当这两类色彩加入不同量的白色时，膨胀与收缩的感觉随之发生变化。这种色彩的视觉效果，是由于色彩的物理特性而形成的。又如在设计使用色彩时，通过使用不同的搭配和喷色技法的处理，色彩还可以体现不同的材料质感。通常见到的石材效果，就是利用色彩的物理特性，通过色彩的搭配及喷色技法处理而产生的。

总之，建筑模型色彩的多变性，既给建筑模型色彩的表现与运用提供了空间，同时，它也制约着建筑模型色彩的表现。所以，模型制作人员在设计建筑模型的色彩时，应注意色彩的多变性。

2. 配景绿化制作设计

建筑模型配景制作设计是建筑模型制作设计中一个组成部分。它所包括的范围很广，但其中所占面积最大、最主要的是绿化制作设计。建筑模型的绿化是由色彩和形体两部分构成。但设计人员所提供的制作图纸，往往还处于方案的初步规划阶段。因此，绿化只是在布局及面积上有所标明。模型制作者要把这种平面的设想，制作成有色彩与形体的实体环境，必须在制作前对设计的思路和表现意图有较深刻的了解。同时，还要在了解上述问题的基础上，根据建筑模型制作的类别及内在规律，合理地进行制作再设计。设计时应从以下几方面考虑。

（1）处理好绿化与建筑主体的关系。建筑主体是设计制作建筑模型绿化的前提。在进行绿化设计制作前，首先要对建筑主体的风格、表现形式以及在图面上所占的比重有明确的了解。因为绿化无论采用何种表现形式和色彩，它都是紧紧围绕着建筑主体而进行的。

在设计制作大比例单体或群体建筑模型的绿化时，对于绿化的表现形式，要考虑尽量做得简洁些，要做到示意明确、清馨有序。不要求新求异，切忌喧宾夺主。树的色彩选择要稳重，树种的形体塑造应随其建筑主体的体量、模型比例与制作深度而互相照应。在设计制作大比例别墅模型绿化时，表现形式就可以考虑做得新颖、活泼，要给人一种温馨的感觉，塑造一种家园的氛围。树的色彩则可以明快些，但一定要掌握尺度，如色彩过于明快则会产生一种漂浮感。树种的形体塑造要有变化，要做到详略得当。

在设计制作小比例模型绿化时，表现形式和侧重点应放在整体感觉上。因为，作为此类建筑模型的建筑主体由于比例尺度较小，一般是用体块形式来表现，其制作深度远远低于单体展示模型的制作深度。所以，在设计制作此类建筑模型绿化时，主要将行道树与组团、集中绿地区分开。房间绿化应简化，若过于刻画，则会产生空间的壅塞感。在选择色彩时，行道树的色彩可以比绿地的基色深或浅，要与绿地基色形成一定的反差。这样处理，才能通过行道树的排列，把路网明显地镶嵌出来。作为集中绿地、组团绿地，除了表现形式与行道树不同外，色彩上也应有一定的反差。这样表现能使绿化具有一定的层次感。

在设计制作园林展示模型的绿化时，要特别强调园林的特点。因为，在若干类型的建筑模型中，只有园林规划模型的绿化占有较大的比重，同时，还要表现若干种布局及树种。因此，园林规划模型的绿化有较大的难度。在设计此类模型绿化时，一定要把握总体感觉，要根据真实环境设计绿化。而在具体表现时，一定要采取繁简对比的手法来表现，重点刻画主要部位，简化次要部位。切忌机械地、无变化地堆积和过分细腻地追求表现。另外，在制作园林绿化时，树与主体建筑要错落有序，要特别注意尺度感。同时，还要相互掩映，使绿化与主体建筑自然地融为一体，真正体现园林绿化的特点。

（2）绿化中树木形体的塑造。自然界中的树木千姿百态，但作为建筑模型中的树木，不可能绝对如实地描绘出来，必须进行概括和艺术加工。在设计塑造树种的形体时，一定要本着源于自然界而高于自然界的原则去进行。源于自然界，是因为自然界中的各种树木在人们的视觉中已形成了一种定势，而这种定势又将影响着人们对建筑模型中树木表现的认知。但源于自然界绝不意味着机械地模仿。因为，建筑模型是经过微缩和艺术化的造型体。同时，它又是用不同的材质来表现物体的原形。所以，进行

第一章 建筑模型知识

树形的塑造时，必须在依据各自原形的基础上，概括地表现。

以上所涉及的只是在树种形体塑造时的总原则。在具体设计制作时，还要考虑建筑模型的比例、绿化面积等因素的影响。

①建筑模型比例的影响。在设计制作各种树木时，建筑模型的比例直接制约着树木的表现。树木形体塑造的深度随着建筑模型比例的变化而变化。一般来说，在制作 1∶500～1∶2000 比例的建筑模型时，由于比例尺度较小，在制作此类模型树木时，则应着重塑造整体效果，而绝不能追求树的单体塑造。过分追求树木的造型，一方面会破坏绿化与建筑主体的主次关系，另一方面往往会使人感到很不和谐。在制作 1∶300 的建筑模型时，由于比例尺度的改变，必须着重塑造树的个体造型。但同时还要注意个体、群体、建筑物三者间的关系。

②绿化面积及布局的影响。在设计制作建筑模型的绿化时，应根据绿化面积及总体布局来塑造树的形体。在设计制作同比例而不同面积及布局的建筑模型绿化时，对于各种树木形体的塑造要求不尽相同。在设计制作行道树时，一般要求树的大小、形体基本一致，树冠部要饱满些，排列要整齐划一。这种表现形式体现的是一种外在的秩序美。在制作组团绿化时，树木形体的塑造一定要结合绿化的面积来考虑。排列时疏密要得当，高低要有节奏感，同时，还要注意绿化的布局。若组团绿地是对称形分布的，在设计制作绿化时，一定不要破坏它的对称关系，而且还要在对称中求变化。若组团绿地分布于盘面的多个部位，则要注意各组团间的关系，使之成为一个有机的整体。在设计制作大面积绿化时，要特别注意树木形体的塑造和变化。因为通过改变树木的形体，可以消除由于绿化面积大而带来的视觉感的贫乏，使绿化更具吸引力。另外，要把握由若干形体各异的树木所组成的绿化群体的整体性。因为，这种大面积绿化形式，给人的视觉感受

是一种和谐的自然景观，它所体现的是一种自然、多变、有序的美。

总之，建筑模型中绿化树木的形体塑造、绿化面积、布局三者间有着密不可分的关系。三者间相互作用、相互影响。我们在设计和制作绿化时，要正确处理好三者间的关系。

（3）绿化树木的色彩。树木的色彩是绿化构成的另一个要素。自然界中的树木，会通过阳光的照射、自身形体的变化、物体的折射和周围环境的影响，产生出微妙的色彩变化。但在设计建筑模型树木的色彩时，由于受模型比例、表现形式和材料等因素的制约，不可能如实地描绘自然界中丰富而微妙的色彩变化，可根据建筑模型制作的特定条件，来设计描绘树木的色彩。

在设计处理建筑模型绿化树木的色彩时，应着重考虑如下关系：

①色彩与建筑主体的关系。在处理不同类别的建筑模型绿化色彩时，应充分考虑色彩与建筑主体的关系，因为任何色彩的设定，都应随其建筑主体的变化而变化。如在表现大比例单体模型绿化时，色彩要追求稳重，变化要简洁，并附有装饰性。稳重的色彩，一方面可以加强与建筑主体色彩的对比，使建筑主体的色彩更加突出；另一方面，它可以加强地面的稳重感。单体建筑主体，一般体量较大，空间形体变化较丰富。相对而言，地面绿化必须配以较稳重的色彩。这样才能使模型整体产生一种平衡感。另外，单体建筑模型绿化的色彩变化应简洁，主要将示意功能表现出来即可。同时，色彩不要太写实，要富有一定的装饰性。色彩变化过多，太写实，将破坏盘面的整体感和艺术性。

在表现群体建筑模型绿化，特别是小比例的规划模型绿化时，色彩的表现要特别注意整体感和对比关系。这类模型由于比例关系，建筑主体较多地表现体量而无细部。同时，绿化与建筑主体在平面所占比重基本相等，有时绿化还大于建筑主体所占的面积。一般这类模型的建筑色彩较多地采用浅色调，而绿化色彩采用深色调，二者形成一定的对比关系，从而突出了建筑主体的表现，增强了整体效果。

②色彩自身变化与对比的关系。在设计绿化色彩时，除了要考虑与建筑主体的关系，还要考虑绿化自身色彩的变化与对比的关系。这种色彩的变化与对比，原则上是依据绿化的总体布局和面积的大小而变化的。在树木排列集中面积较大时，应强调色彩的变化，通过色彩的变化增强绿化整体的节奏感和韵律感；反之，则应减弱色彩的变化。这里应该强调指出的是，这种色彩变化不是单纯的色彩明度变化，一定要注意通过色彩变化形成层次感和对比关系。所谓层次感，就好比绘画中的素描关系，整体中有变化，变化中求和谐。所谓对比关系，就是在设计绿化色彩时，最亮的色块与最暗的色块有一定对比度。如果绿化整体色彩过暗且缺少色彩间的对比，其结果则会给人一种沉闷感。如果色彩过分强调对比，则容易产生斑状色块，破坏绿化的整体效果。

总之，在设计绿化色彩时，应合理地运用色彩的变化与对比的关系。

③色彩与建筑设计的关系。建筑模型绿化的色彩原则是依据建筑设计而进行构思。因为，建筑模型绿化的色彩是建筑模型整体构成的要素之一。同时，它又是绿化布局、边界、中心、区域示意的强化和补充。所以，建筑模型绿化的色彩要紧紧围绕其内容进行设计和表现。

在进行具体的色彩设计时，首先，要确定总体基调。总体基调一般要考虑建筑模型的类型、比例、盘面面积和绿化面积等因素。其次，要确定色彩表现的主次关系。色彩表现的主次关系一般是和建筑设计相一致的。中心部位的色彩一定要精心策划，次要部位要简化处理。同一沙盘面内的色彩表现，不要平均使用力量或产生多中心。再次，注意区域的色彩效果。在上述色彩表现原则的基础上，注意局部色彩的变化。局部色彩处理得好坏，将直接影响绿化的层次感和整体效果。

总之，绿化的色彩与表现形式、技法存在着多样性与多变性。在建筑模型设计制作时，要合理地运用这些多样性和多变性，丰富建筑模型的制作，完善建筑设计。

综上所述，关于建筑模型的制作设计可归纳几点：

第一，明确模型制作要求。明确制作标准、内容、比例、材料、时间等要求。了解设计图纸，必须熟悉建筑物的平面与立面结构、高层阳台凹凸面的关系、主楼与副楼的关系等，并需注意各设计图上的尺寸及比例是否一致。

第二，制定模型制作具体方案。

第三，材料选择。要选择表面光洁、平整的材料。根据不同的制作要求来选择不同的材料，以保证模型的机械强度。理化性能要考虑材料的稳定性、耐腐蚀性，保证模型的质量并便于保存。材料选择还要注意加工时简易、方便。在选择材料时要注意选材的合理性，除了非用不可的高级材料外，还应注意一些可取得同样效果的替代材料。同时，还要开发利用废物和价廉物美的材料。这些材料使用得合理，不仅可节约经费，而且同样也能制作出很好的模型。必要时可采用现有的成品及半成品模型的材料，如草坪、车辆玩具等。图1-8-3所示的是笔者参与制作的上海外滩建筑群模型，模型中的船、小车等都是从商店里买来的玩具。

对于青少年科技活动用模型的选材，也要遵循上述原则，但要求可降低些。教学活动用材一般可选用包装纸盒、旧卡纸、塑料泡沫、ABS塑料板和人造海绵（塑料）等，还可开发利用废

图 1-8-3　上海外滩建筑群模型

旧物、冷饮的木棒等设计制作小木屋、草屋等，以开发学生智力、想象力和创造力。

第二章　建筑模型制作方法

一、材　料

制作建筑模型，选择合适的材料是很重要的一环。材料是建筑模型构成的一个重要因素。它决定了建筑模型的表面形态和立体形态。材料选择不当，即使制作工艺水平很高，也达不到设计的效果，会造成不必要的浪费。材料选择得当，普通材料也能做出优秀的作品来。模型材料在不断发展，特别是用于建筑模型制作的基本材料呈现出多品种、多样化的趋势。由过去单一的板材，发展到点、线、面、块等多种形态的基本材料。另外，随着表现手段的日趋完善和对建筑模型制作的认识与理解，很多非专业性的材料也被作为建筑模型制作的辅助材料。

制作建筑模型的材料很多，在制作中应尽可能地利用和开发新材料、半成品材料。模型材料有多种分类法，这里所介绍的分类，主要是从建筑模型制作角度上进行划分。选择材料时，可以不考虑材料的档次高低，只考虑模型的强度、美观、加工成本。根据各种材料在建筑模型制作过程中所充当的角色不同，将它们划分为主材、辅材两大类。

1. 主材类

主材是用于制作建筑模型主体部分的材料。通常采用的是纸材、木材、塑料材三大类。在现今的建筑模型制作过程中，对于材料的使用并没有明确的规定，但并不意味着不需要掌握材料的基本知识。因为，只有对各种材料的基本特性及适用范围有了透彻的了解，才能做到物尽其用、得心应手，才能达到事半功倍的效果。总之，模型制作者在制作建筑模型时，要根据建筑设计方案和建筑模型制作方案合理地选用材料。

（1）纸材类。纸板是制作建筑模型最基本、最简便的材料，被广泛采用。该材料可以通过剪裁、折叠改变原有的形态；通过折皱产生各种不同的肌理；通过渲染改变其固有的颜色，具有较强的可塑性。

①卡纸。卡纸种类很多，有白色和彩色卡纸，有光面和皱纹卡纸，有薄卡纸和厚卡纸，有国产和进口卡纸等。常用的是 0.5 毫米厚的卡纸，建筑骨架可用厚一些的卡纸。卡纸的种类繁多，在具体制作时，只要觉得合适即可使用。

②植绒纸。植绒纸是通过静电在纸上植粘一层绒毛的纸，有多种颜色，常用来制作模型中的草坪、地毯、网球场、底座平面及绿地等。

③镭射纸。镭射纸是一种新材料装饰纸，具有闪光的视觉效果，一般用于建筑物的幕墙、立柱等装饰。

④瓦楞纸。瓦楞纸有单层与多层之分，一般选用单层两面呈弧形凹凸的瓦楞纸，经过涂色后制作别墅、民居的屋顶斜面瓦和古建筑的琉璃瓦等。

⑤墙纸。有些墙纸或墙布的细花纹和色彩与模型要求的墙面、地坪、屋顶的纹理、颜色相似，可以用来制作模型中的墙面、地坪、屋顶。

纸材料优点：适用范围广，品种、规格、色彩多样，易折叠、切割、加工方便，表现力强。纸材料缺点：材料物理特性较差，弧度低，吸湿性强，受潮易变形；且在建筑模型制作过程中，粘合速度慢，成型后不易修整。

（2）木材类。木板材是建筑模型制作的基本材料之一。目前，通常采用的是由泡桐木经过化学处理而制成的板材，亦称航模板。这种板材质地细腻，且经过化学处理，所以在制作过程中，无论是沿木材纹理切割还是垂直于木材纹理切割，切口都不会劈裂。此外，可用于建筑模型制作的木材还有椴木、云杉、杨木、朴木等，这些木材纹理平直，树节较少，且质地较软，易于加工和造型。另外，市场上现在还有一种较为流行的微薄木（俗称木皮），它是由圆木旋切而成，厚度仅 0.5 厘米左右，具有多种木材纹理，可以用于建筑模型的外层处埋。

木材料优点：材质细腻、挺括，纹理清晰，极富自然表现力，加工也方便。木材料缺点：吸湿性强，易变形。

（3）塑料合成材料类。

①有机玻璃。有机玻璃的学名是聚甲基丙烯酸甲酯（英文缩写为 PMMA）。可用于建筑模型制作的有机玻璃板材厚度为 1～3 毫米。该材料分为透明板和不透明板两类。透明板一般用于制作建筑物玻璃和采光部分，如制作建筑物透明的棚顶、窗框。厚的有机玻璃可用于制作模型的透明框罩。不透明板主要用于制作建筑物的主体。有些建筑模型用厚的有机玻璃通过切割、抛光等方法制作成实心体模型，底盘装有各种彩色灯光，可形成风格独特的彩色水晶建筑模型。这种材料是一种比较理想的建筑模型制作材料。该材料优点：质地细腻、挺括，可塑性强，通过热加工可以制作各种曲面、弧面、球面等造型。该材料缺点：易老化，不易保存，制作工艺复杂。

②软泡沫塑料。软泡沫塑料（聚氯脂人造海绵，又称海绵），富有弹性、多孔、疏松、柔软，经过染色和粉碎加工后可制作成树叶，小块染色后可制作成球形、圆锥形的灌木林带，是模型中表现绿化面貌较佳的常用材料。

③发泡塑料。发泡塑料（又称苯板）是聚苯乙烯原料发泡制

成板或块的材料。发泡塑料质地松软，是一种取材容易、易于加工成形的理想模型制作材料。该材料优点：造价低、材质轻、易加工。该材料缺点：质地粗糙，不易着色。注意：该材料是化工原料制成的，着色时不能使用化学类涂料，一般只用于制作方案初期设计的模型。

④透明胶片。透明胶片是一种薄型塑胶材料，经过化学浸镀后，有银白色、金色、蓝色、茶色、绿色等多种颜色，可折卷和刻雕，较适宜制作透光的玻璃幕墙、窗玻璃、顶棚等。

⑤粘贴纸。粘贴纸（又称即时贴）是一种较软的丙烯薄塑料，色彩丰富，背面涂有不干胶，使用极为方便，剪刻下来，撕去衬纸即可贴用。常用于装饰模型的墙面、线条、地坪、水面、马路的横道线、车道线等。

⑥ABS塑料板。ABS塑料板（又称工业塑料）是一种新型的建筑模型制作材料，目前市场上多为白色与淡黄色，厚度为0.5～5毫米。ABS塑料板加工优于有机玻璃，并具有卡纸的性能，不易断裂，可剪裁、刻制，对硝基类的涂料有很强的吸附力，涂色不易脱落，是目前建筑模型制作墙面（立面）、屋顶、底盘贴面等很好的材料。ABS塑料板经过热处理后，再通过热压与吸塑等工艺，可制作球体和特殊形状的建筑外形。ABS板是当今流行的手工及电脑雕刻加工制作建筑模型的主要材料。该材料优点：适用范围广，材质挺括、细腻，易加工，着色力、可塑性强。该材料缺点：材料塑性较大。

2. 辅材类

辅助型材料是用于制作建筑模型主体以外的材料和加工制作过程中使用的黏合剂；它主要用于制作建筑模型主体的细部和环境。辅材的种类很多，尤其是近几年来涌现出的新材料，无论是从仿真程度，还是从实用价值来看，都远远超越了传统材料。这种超越，一方面使建筑模型更具表现力；另一方面使建筑模型制作更加系统化和专业化。下面介绍一些常用的辅材，供制作时参考。

（1）金属材料。金属材料在模型制作中使用不多，通常用不锈钢做模型底盘边框装饰，大型模型玻璃框罩也可以用不锈钢来装饰。铜皮、铁皮和铜丝、铁丝可制作模型的树枝干、油罐、桥梁等，也可作为长时间放置室外的建筑模型制作材料。

（2）确玲珑。确玲珑是一种新型建筑模型制作材料。这是以塑料类材料为基底，表层附有各种金属涂层的复合材料。该材料的色彩种类繁多，厚度仅 0.5～0.7 毫米。该材料表面金属涂层有的已按不同的比例做好分隔，基底部附有不干胶，可即用即贴，使用十分方便。另外，由于材料厚度较薄，制作弧面时，不需特殊处理，靠自身的弯曲度即可完成，是一种制作玻璃幕墙的理想材料。

（3）纸黏土。纸黏土是一种制作建筑模型和配景环境的材料；该材料是由纸浆、纤维束、胶、水混合而成的白色泥状体，它可以用雕塑的手法，瞬间把建筑物塑造出来。此外，由于该材料具有可塑性强，便于修改，干燥后较轻等特点，模型制作者常用此材料来制作山地地形。但该材料的缺点是收缩率大。因此，在使用该材料时，应考虑上述因素，避免在制作过程中，产生尺度的误差。

（4）石膏。石膏是一种适用范围较广的材料。该材料为白色粉状，加水干燥后成为固体。其质地较轻而硬，模型制作者常用此材料塑造各种物体的造型。同时，还可以用模具灌制法，进行同一物件的多次制作。另外，在建筑模型制作过程中，还可以与其他材料混合使用，通过喷墨着色，与其他材质具有同一效果。

该材料的缺点是干燥时间较长，在加工制作过程中物件易破损。同时，因受材质自身的限制，物体表面略显粗糙。

（5）植绒及时贴。植绒及时贴是一种表层为绒面的装饰材料。该材料的色彩较少，在建筑模型制作的过程中主要是用绿色，一般用来制作大面积绿地。此材料单面覆胶，操作简便，价格适中。但从视觉效果而言，此材料的使用有其局限性。

（6）仿真草皮。仿真草皮是用于制作建筑模型绿地的一种专用材料。该材料质感好，颜色逼真，使用简便，仿真程度高，目前，此材料有些进口的，价格较贵，产地分别为德国、日本等国家和我国的台湾地区。

3. 黏合剂

黏合剂在建筑模型制作的过程中占有很重要的地位。因为，建筑模型制作主要靠它把多个点、线、面的材料连接起来，组成一个三维建筑模型。所以，我们必须对黏合剂的性状、适用范围、强度等特性有深刻的了解和认识，以便在建筑模型制作的过程中合理地使用各类黏合剂。

（1）纸类黏合剂。

①乳胶。白乳胶为白色黏稠液体。该胶黏结操作简便、干燥后无明显胶痕，黏结强度较大，干燥速度较慢，是黏结木材和各种纸板的黏合剂。

②喷胶。喷胶为罐装无色透明胶体。该黏合剂适用范围广，黏结强度大，使用简便。在黏结时，只需轻轻按动喷嘴，罐内胶液即可均匀地喷到被黏结物表面，待数秒钟后，即可进行粘贴。该黏合剂特别适于较大面积的纸类黏结。

③双面胶带。双面胶带为带状黏结材料。胶带宽度不等，胶体附着在带基上。该胶带适用范围广，使用简便，黏结强度较

高，主要用于纸类平面的黏结。

（2）塑料类黏合剂。

①三氯甲烷。三氯甲烷（氯仿）为无色透明液状溶剂，易挥发，是黏结有机玻璃板、赛璐珞片、ABS 板的最佳黏合剂。但此溶剂有毒，在使用时应注意室内通风，同时应注意避光保存。

②HART 黏合剂。HART 黏合剂又称 U 胶，产于德国，为无色透明液状黏稠体。该胶适用范围广，使用简便，干燥速度快，黏结强度高。黏结点无明显胶痕，易保存，是目前较为流行的黏合剂。

③502 胶。502 胶黏合速度极快，黏性很强，常用来黏合塑料、瓷器、木料、金属等两种不同质地的材料。使用 502 胶时一定要小心，用量要适当，不然胶液沾在手指会把手指黏住。502 胶的挥发性很强，用后一定要把瓶盖盖紧，必要时可放在冷藏室内，以延长使用有效期。

④热溶胶。热溶胶为乳白色棒状。该黏合剂是通过热溶枪将其加热，使胶棒溶解在黏结缝上，黏结速度快，无毒、无味，黏结强度较高；但本胶体的使用，必须通过专用工具来完成。

⑤万能胶。万能胶的同类有百得胶、立时得、强力胶等，主要作为黏合底盘面板与塑料、木质、薄金属片等不同材料的黏合剂。涂胶时要均匀，待稍干时再黏合。

（3）木材料黏合剂

①UHU 胶。UHU 胶是制作航海、航空模型时用的透明胶水，凝固快，易挥发，无明显痕迹。主要黏结塑料、木片、纸张等。

②4115 建筑胶。4115 建筑胶为灰白色膏状体。它适用于多种材料粗糙黏结面的黏结。胶的强度高，干燥时间较长。

以上我们就一些常用的黏合剂的性状、适用范围作了一些简单介绍。随着科技的发展，黏合剂的品种越来越多，如1415胶、环氧胶，硅胶等等。在用于建筑模型制作时，可视不同的材料和制作要求选用不同的黏合剂。

二、工具

制作建筑模型的工具，要根据材料来选用，只有选用合适的工具才能在加工时得心应手，发挥最佳的工艺水平，做出精致的作品来。目前，现成工具很多，制作建筑模型除了需要准备一些现成工具之外，还要根据模型制作的特殊要求，自己动手制作一些专用工具。下面介绍几种常用的基本工具、测绘工具和自制工具。

1. 基本工具

（1）剪刀。剪刀常用于剪裁 ABS 塑料板、卡纸（薄型）、金属片、粘胶带等。一般剪裁厚一点的材料需要短头剪刀（如铁皮剪刀），刀口长一些的剪刀适宜剪裁薄的材料或直线。

（2）钢皮尺。钢皮尺有 30 厘米至 1 米的多种类型，有条件可备几种，它既可用于量尺寸，又可以作切割有机玻璃、纸张等材料的靠板。

（3）美工刀与手术刀。美工刀（又叫墙纸刀）在制作模型时可切割粘贴纸、卡纸、ABS 塑料板等。手术刀常用 3 号刀柄配 11 号斜口手术刀片，可作非金属物的精细切割。手术刀刀刃很十分锋利，使用时要特别小心。

（4）钢锯与雕花锯。钢锯用途较广，可锯木材、人造板及金属材料等，雕花锯用于切割曲线或在材料中间开孔等。锯切时锯条与材料相互垂直，锯齿向下拉推来切割。

（5）锉刀。锉刀种类很多，常用的有平板锉、什锦锉等。加工模型毛坯时需要用锉刀来修正。备一些各种规格的锉刀，使用起来就方便多了。

（6）镊子。制作较小的部件时需要用镊子来帮助，常用不锈钢镊子。

（7）注射器。在制作模型时常用医用玻璃注射器，容量 5 毫升，针头 5 号、6 号即可。主要用于装贮三氯甲烷（氯仿）、丙酮等极易挥发的溶剂。在黏结有机玻璃和 ABS 塑料板时，可直接注入拼缝，便于控制用量和防止挥发。

（8）台虎钳与手虎钳。当制作模型部件较小时，可用台虎钳或手虎钳夹住进行加工。

常用部分工具如图 2-2-1 所示。

2. 测绘工具

（1）圆规与划规。圆规用于放样绘图。划规是钳工的工具，可在有机玻璃、ABS 塑料板和卡纸上画弧线、等分线，有时也可用分规代替。

（2）三棱比例尺。三棱比例尺用于缩放图纸比例，也可用电子计算器按比例计算图纸上的尺寸。

（3）直角尺。在模型制作时，常会遇到较多 90° 的直角或需要画平行线，所以直角尺的使用机会较多。直角尺一般有 1 米、50 厘米和 15 厘米等规格。

（4）三角板。三角板是用于测量绘制平行线、垂直线、直角和任意角的量具，一般使用的是 300 毫米规格的三角板。

（5）曲线模板。曲线模板是一种绘图工具，用它可以绘制不同形状的曲线。

（6）游标卡尺。游标卡尺是用于测量或加工物件内外直径的量具，同时，它又是在塑料类材料上画线的理想工具。

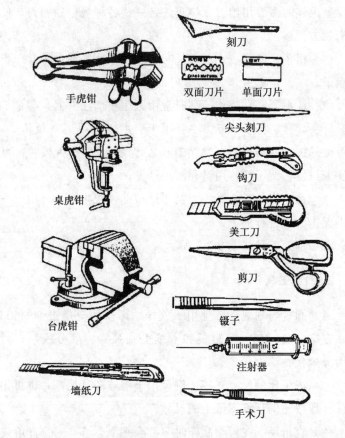

刻刀

手虎钳

双面刀片　　单面刀片

尖头刻刀

桌虎钳

钩刀

美工刀

剪刀

台虎钳

镊子

注射器

墙纸刀

手术刀

图 2-2-1　常用工具

常用部分测绘工具如图 2-2-2 所示。

3. 自制工具

在制作模型时，还可根据制作工艺要求因地制宜，不断创造。下面介绍几种比较简单的自制工具。

（1）拉刀。拉刀又称有机玻璃勾刀，市场上有售。这种现成拉刀有许多不足之处，如不易切割稍厚些的有机玻璃，而且刀片规格单一。自己制作几把不同用途的拉刀，在切割有机玻璃、ABS塑料板时就会得心应手了。

制作方法如下：将废钢锯条夹在台钳上敲断，成为长30～40厘米的一段，将一端棱角磨去，包上几层塑料带做刀柄，另一端在砂轮上打磨成勾状。刀刃在弯勾角上，两侧磨平，用于切割薄有机玻璃，形状参考市场上购买的有机玻璃的拉刀刀头打磨。用于切割厚有机玻璃的，刀片顶段两侧不

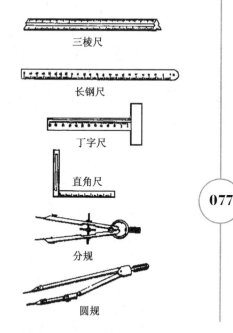

三棱尺

长钢尺

丁字尺

直角尺

分规

圆规

图 2-2-2　常用测绘工具

能磨成斜面，要平直，刀刃一定要在拉刀勾角上。只有这样在切割厚有机玻璃时，刀片才能与切割口宽度一样，不断拉割使刃口和刀片深入厚有机玻璃的切口，逐步将厚有机玻璃割断。拉刀除了用于切割板材外，还可以在板材上拉出一定形状的槽。如需要将ABS板材折成相互垂直状，则可以沿着折缝，用刃口为90°角的拉刀拉出折槽（深度约为板材厚度的三分之二，不要把板材割断），然后再弯折、黏合，如图2-2-3所示。这种定型拉刀可以用厚的钢锯条或平直什锦锉磨制。

拉刀不但可切割有机玻璃、塑料板，还可切割三夹板、薄铁皮等板材。在切割板材时，用手虎钳将钢皮尺夹在切割线旁，先轻轻拉划，待板材上有线痕时再慢慢加重拉划，这样拉刀就不会

第二章　建筑模型制作方法

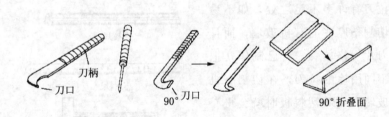

图 2-2-3　制作拉刀

滑出切割线，划坏板材，造成浪费。

（2）电热丝锯。电热丝锯（也称电热锯）是切割发泡塑料板块、吹塑纸较好的工具，市场上没有供应成品，要自己制作。

制作材料：交流 220 伏变压器一只（输出电压 3～6.5 伏、功率 50 瓦以上），100 欧左右线绕电位器一只，电源开关一只，6.5 伏指示灯一只，元宝（蝶形）螺钉、螺母或 8 毫米的木工用锯钮一副，内径 8 毫米的小弹簧一个，木板、木块、螺钉、电线、电线夹、电源插头、电热丝（电阻丝或细钢丝）若干。

将上述材料按图 2-2-4 所示进行安装，经调试后即可使用。

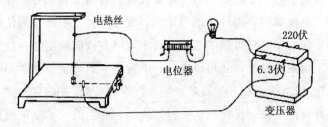

图 2-2-4　安装电热丝锯

使用方法：打开电源，见指示灯亮，电热丝发热。将发泡塑料或吹塑纸在电热丝上切割，同时不断调节电位器控制电热丝的热量，使其处于最佳切割状态。

（3）小锯床。有条件可自制一台小锯床，这样，切割材料就方便多了，而且材料的大小、长短能保持一致，特别是较厚的塑料、木条，用锯床要比拉刀、锯子容易加工。

制作材料：220伏交流单相串励电动机（功率150瓦的缝纫机用小电动机，配套电源插座、脚踏调速器一套）一部，直径50～80毫米、厚0.6毫米的锯片铣刀一把，螺钉、螺母、有机玻璃板（做工作台）若干，如图2-2-5所示。

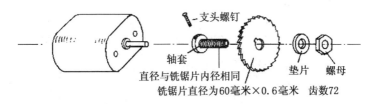

图 2-2-5　小锯床制作

制作小锯床时要注意，电动机轴套的内径要与轴直径相同，外径要与锯片铣刀的内径相同并有螺纹。装配时要注意锯片铣刀齿与电动机的旋转方向，锯片铣刀齿尖应向材料正面，电动机向下旋转。调试中不要操之过急，先用小材料锯切试验，慢慢掌握机械性能，并要特别注意安全。

（4）刻刀（门窗孔刻刀）。这里指的是在卡纸、ABS塑料板材上开门窗孔的专用刻刀。

制作方法：取长100～150毫米断钢锯条数根，在砂轮上打磨直柄单面斜口平头刀片两把。一把刀口宽度与模型门窗宽度相同，另一把与模型门窗长度相同。如果模型门窗的尺寸不同，则要打磨几组刻刀，如图2-2-6所示。如模型门窗长度超过钢锯条宽度时，可将钢锯条横磨，或用单面刀片来做刻刀；也可以用宽的钢锯条、钢片来制成刻刀。在砂轮机上打磨刀口时，要用水降温。

第二章　建筑模型制作方法

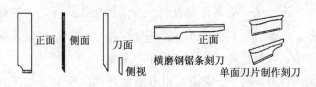

正面 侧面 刀面 正面

侧视 **横磨钢锯条刻刀** **单面刀片制作刻刀**

图 2-2-6 刻刀

4. 辅助工具

辅助工具有小车床、台钻、刨床、砂轮机、电脑雕刻机、手提钻、手摇钻等，见图 2-2-7。

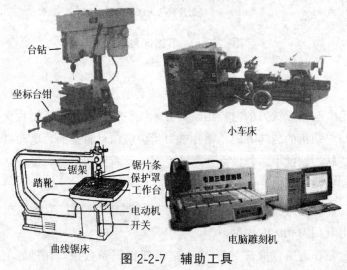

台钻

坐标台钳

小车床

锯架
踏靴

锯片条
保护罩
工作台
电动机
开关

曲线锯床

电脑雕刻机

图 2-2-7 辅助工具

对建筑模型初学者来讲，可利用手头常用的剪刀、美工刀、尺等比较简单的工具来进行制作训练。目前建筑模型多是用卡纸或 ABS 来塑料板来制作，另外还有很多模型成品和半成品，这对初学者来说就更简便了。学校开展建筑模型教学，也可利用商品的包装盒（卡纸）来进行教学活动。

三、建筑模型制作基本方法

建筑模型的制作是一个利用工具改变材料形态，通过黏结、组合产生新的物质形态的过程。这一过程涉及很多基本方法，即使制作造型复杂的建筑模型时，也只不过是那些最简单、最基本的操作过程的累加。这里着重介绍三大类基本材料的制作方法。

1. 纸材料建筑模型制作方法

纸材料是制作建筑模型简便而较为理想的材料。纸材料建筑模型制作有两大类。

一类是市场上销售的各种建筑模型套材，图 2-3-1 所示的是某小屋套材。此类模型色彩悦目、内容丰富，且取材容易，很受学校和家庭欢迎。另一类是设计和展示类建筑模型，需要自己设计画线后再进行制作。

（1）模型套件制作基本方法。此类模型套件的特点是全部模型部件都是彩色印制的，只要按图制作即可，但要有剪刻等基本技术，其制作的"四步曲"是识图→剪刻→折粘→组合。

①认识纸模型图上的符号线条。

—：实线表示剪切（剪下或刻下）；

⋯：虚线表示正面折（正面轻刻刀痕）；

·—·—：点划线表示反面折（反面轻刻刀痕）；

⋯—⋯—：双点划线表示正面重折叠（正面轻刻刀痕）；

圆柱及圆弧部分：表示卷制；

○：表示挖空。

②剪和刻的过程。

第一，用剪刀沿实线剪下建筑模型展开图上的粘贴部件。用

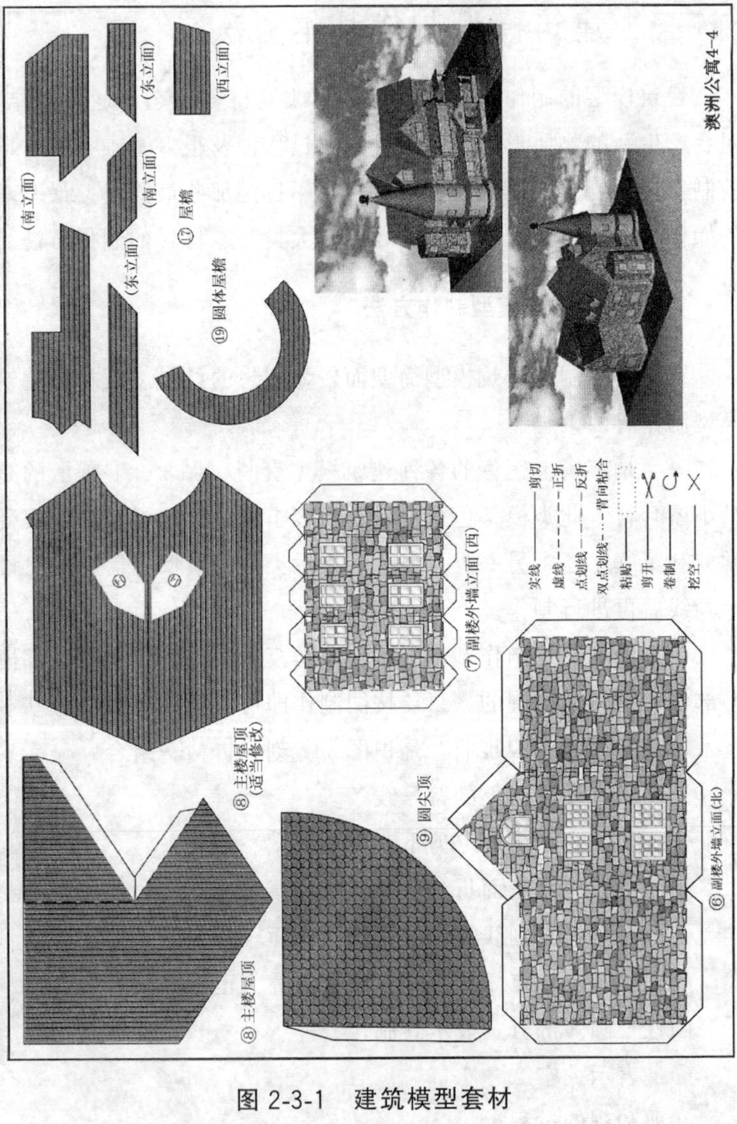

澳洲公寓4-4

⑩固体屋檐

（西立面）

（东立面）

（南立面）

（南立面）

（东立面）

⑫尾檐

⑦副楼外墙立面（西）

实线————剪切
虚线------正折
点划线-----反折
双点划线·····背面贴合

粘贴
剪开
套制
挖空

⑧主楼屋顶
（适当修改）

⑨圆尖顶

⑧主楼屋顶

⑥副楼外墙立面（北）

图 2-3-1　建筑模型套材

刻刀制作时，需用直尺（最好是 150～300 毫米的钢皮尺）在直线上放上直尺，沿直尺刻下，刻时先轻后重，剪或刻时必须准确地沿直线剪刻，不留白边，也不能出现毛边，要保证线条的整齐，如图 2-3-2 所示。

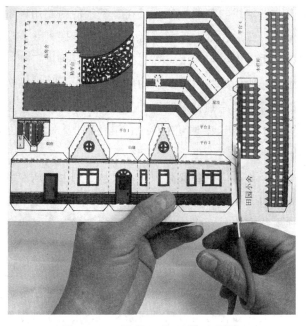

图 2-3-2 用剪刀剪下粘贴部件

　　第二，要做圆形的模型，先要将卷制的零件剪下，小心剥去卡纸的灰底部分，然后将剥下的彩色纸轻轻地卷在事先准备好粗细适当的圆棒上，这样制作出来的圆柱表面光滑，线条挺直。

　　第三，凡是虚线、点划线、双点划线都是折线，要轻刻刀痕，有印痕的线折叠后才能使线条挺直、角度正确、折边平整，便于粘贴。

　　第四，刻线的程序是由上到下，从左到右，只有这样才能使每条线都刻到，不会遗漏。具体的刻线方法是：虚线、双点划线上放上直尺，用刀沿线轻刻一道刀痕，刀与桌面的角度约为30°，用力要均匀，刀划的深度为纸的厚度的三分之一，然后弯折。

第五，点划线的刻线方法是：在每条线的两端用针各扎一个孔作为标记，然后在纸的反面进行刻线。为掌握刻线方法，建议同学们在纸边上先练习一下，等掌握了技巧后再进行刻线。

③涂胶一般用牙签，蘸少量的胶水涂均匀、再粘贴边上，不要点涂。注意不要涂到粘贴线以外的地方，以免影响其整洁。涂好胶，等胶水将干未干时进行粘贴，粘贴时要对号，位置要准确、牢固、不留缝、不重叠。

④纸模型各部件组合要有顺序，要从下到上，从左到右，先主体（如墙面、屋顶等）后局部零件（如台阶等）。

一种组装方法是，将外墙的各立面先连接黏合，再将底部涂上胶水黏合到底板上，随即用直尺进行外形校正，并将黏合面压紧。

另一种组装方法是，从南立面外墙开始，在粘贴部位涂胶后黏合到底板上，黏合时用直尺沿线条移动，校正模型零件的安装位置，再用直尺从里面沿黏合面压紧，如图2-3-3所示。

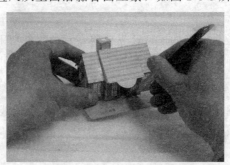

图 2-3-3 用直尺压紧零件

这里要强调尺的使用功能：尺除了用来度量、切割和刻划时作基准外，在组装胶合时还能用来校正角度和压紧黏合面。

组合纸模型时要注意：平面直角的准确；垂直直角的准确；平面直线的准直；黏合部位的牢固。这四点一定要在胶水尚未干透时连续快速完成，否则无法校准模型，甚者会造成模型损坏。

（2）设计展示类纸模型制作基本方法。设计展示类纸模型一般用两类纸：0.5毫米以下的薄纸和1毫米以上的厚纸。前者可以将设计转为平立面绘制并剪刻后，直接裱于模型体块或板材上。后者由于其有一定厚度和硬度，经过平立面绘制、剪刻和折叠后，可直接组合成模型。下面分述两类纸在制作时注意的问题。

①薄纸模型画线较为复杂，画线时要对建筑物的平立面图进行仔细的剖析，合理地按物体构成原理分解为若干个面。为了简化黏结过程，还要将分解后的若干个面按折叠关系进行组合，最后绘制在纸材上。

剪裁时，可以按切割线进行剪裁。在剪裁接口处时，要留有一定的黏结量。在剪裁标有设计图纸的工作模型墙面时，建筑物里面一般不作开窗处理。

剪裁后，便可按照建筑的构成关系，通过折叠进行黏结组合。折叠时，面与面的折角处要用手术刀将折线划裂，以便在折叠时保持折线的挺直，如图2-3-4所示。

在黏结时，要根据具体情况选择黏合剂。在做接缝、接口黏结时，应选用白胶或胶水做黏合剂，但使用的胶液不宜过多，否则将会影响接口和接缝的整洁。在进行大面积平面黏结时，应选用喷胶做黏合剂。喷胶属于非水质胶液，它不会在黏结过程中引起黏结面变形。

②用厚纸板制作建筑模型，同样可分为选材、画线、切割、

图 2-3-4　折叠时保持折射的挺直

黏结等步骤。材料可选用一般市场上出售的单面带色的厚纸板，其色彩种类较多。可以根据模型制作的要求选择不同色彩及肌理的基本材料。

选定材料后，便可以依据图纸进行分解。把建筑的平立面根据色彩、形体和层次（厚纸建筑模型往往是多层合成）分解成若干个立面，并把这些立面分别画于不同的纸板上。

在画线制作模型时一定要注意尺寸的准确性，尽量减少制作过程中的累计误差。同时，画线时要注意工具的选择和使用方法，一般画线时使用的是铁笔或铅笔，其目的是保证切割后刀口与面层的整洁。画线工作完成后，下面的制作可以参考上述模型套件类的制作过程和方法。

2. 木材料建筑模型制作方法

木材料一般采用航、船模的板材和层压板。木材都有纹理，这是木材料最大的特点。根据这个特点，制作方法也要有其针对性。

（1）选用材料要注意木材的纹理。建筑模型的立面方向要与木材纹理平行，这可以增加立面强度减小变形。画线一般使用铅笔，并用尺按住后轻轻地划画，防止留下划画的笔痕。

（2）木材切割要讲究刀法，一般是垂直于木材纹理进行切割，切口才不会劈裂。不管是垂直还是平行于木材纹理切割，都不能一刀切透，需要采用重复切割法。刀口在尺的引导下，多次划刻，用刀的力度由轻到重，逐步加力，否则刀口跟着木纹走，会使切割失败。

（3）黏结前，各切割边都要用细砂纸打磨。打磨时，要在玻璃板上进行，往返幅度要小，力度要适宜，要保证垂直度和平整度。

（4）一般黏结有三种形式：面对面、边对面、边对边，如图2-3-5所示。

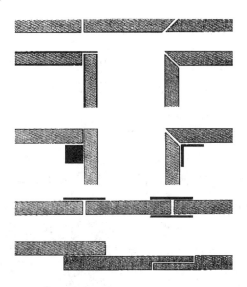

图 2-3-5　黏结的三种形式

面对面黏结主要是各体块之间组合时采用的一种黏结方式。在进行这种形式的黏结时，要注意被黏结面的平整度，确保黏结缝隙的严密。

边对面黏结主要是立面之间、平立面之间、体块之间的组合时采用的一种黏结形式。在进行这种形式的黏结时，由于接口接触面较小，所以一定要对接口进行打磨，确保严密。同时，还要根据黏结面的具体情况，考虑加木条进行内部加固。

边与边黏结主要是面与面之间组合时采用的一种黏结形式。在进行这种形式的黏结时，必须将两个黏结面的接口，按黏结角度切成斜面，然后再进行黏结。在切割对接口时，一定注意斜面要平直，角度要合适。这样才能保证接口的强度与美观。如果黏结口较长、接触面较小时，同样也可根据具体情况考虑进行内部加固。

3. 塑料材料建筑模型制作方法

塑料合成材料有发泡塑料、ABS塑料、有机玻璃等，是制作各类建筑模型的主要材料。它们的质地和性能各不一样，因此模型制作方法也大不一样。

（1）有机玻璃制作基本方法。常用于建筑模型制作的有机玻璃板材，厚度为1～3毫米，该材料的特点是：既有可塑性又有脆性。利用它的可塑性可以将其热烘烤并加工为各种弧度的模型部件，利用它的脆性可以用拉刀直接切割各种角度的模型部件。

①可以在有机玻璃板上直接用刻刀和铁笔刻画出直线条。透明板可以制作建筑物的玻璃部分，如透明的棚顶、窗框等。特别是比例高的建筑物，窗口内的玻璃框只能用刻画线比较合适，如图2-3-6所

图 2-3-6　刻画窗户

示，先用拉刀刻出一定深度的刻痕，然后用黑色颜料抹上填充，再用干净布抹净表面颜色，窗框就在透明有机玻璃上显示了，如图 2-3-7 所示。

图 2-3-7　用布抹净表面

②要手工切割厚的有机玻璃，可先用拉刀刻出板厚的 50% 深度的刻痕（如板厚 2 毫米则刻 1 毫米深度），然后在桌边一手用厚木板压住有机玻璃平行刻痕的一边，另一手迅速扳动有机玻璃刻痕的另一边，有机玻璃就会沿着刻痕断裂。当然用电动锯床切割有机玻璃也是好办法。

③在有机玻璃上开出门孔、窗孔的方法是，先在要开孔的位置上用电钻或手摇钻钻孔，再将雕花锯的钢丝锯齿朝下穿入后装好，按刻画线逐一锯割。在锯孔时要根据具体情况，适当留一些加工余量，最后用什锦锉修平整。

④有机玻璃黏结与木材料黏结一样，各切割边都要用细砂纸打磨平整，注意使接缝不明显、折角挺直。打磨的工具有锉刀、砂皮纸、自制砂皮板（用砂皮包在木板上）等，也可用砂轮机、砂轮片。打磨时要注意工件的尺寸，不能偏大或偏小。

有机玻璃要使用氯仿溶剂黏结，用注射器抽出一定量的氯仿，然后紧合两个黏结边，氯仿注入接缝后自然渗透，稍待数秒

第二章　建筑模型制作方法

后就黏住了。要注意使氯仿不溢出以免弄脏模型表面。

（2）ABS塑料板制作基本方法。ABS塑料板材质细腻，比有机玻璃容易加工，可以采用处理厚纸板的方法来制作建筑模型。这里主要介绍雕刻法、连续折面法和烘卷法。

①雕刻法主要用于制作建筑模型的门窗孔。工具使用自制刻刀（参考第二章二中介绍的自制工具）、锤子、硬垫板（平整的铁板上面粘贴一块塑料板或木板）。将刻划好（放样后）的材料放在垫板上，将刻刀垂直放在要开孔的刻线上，用锤子敲击刻刀的顶部，逐一将框孔刻出。在敲击时注意，刻刀口斜面要朝刻去部分，刀口要平直，尽可能使框线刻得方正平直，见图2-3-8。这种雕刻方法的特点是：工作效率高，加工质量好。

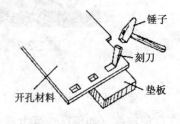

图 2-3-8　雕凿孔

②拼折黏结建筑模型各立面形成立体框架。ABS塑料板连续折面方法按图2-3-9所示，是用自制的拉刀（折面拉刀的刀口要根据折面角大小磨制，直角折面刀口磨成90°角），紧按钢尺在折线上拉刻V形槽折线。内折线是往内拉折线，外折线是往外拉折线。外折线要有V形槽折线的外平面系数（约板料厚度尺寸）。这种折面的方法也可用于薄的金属板和厚纸板。

③在制作建筑模型时，需要制作弧形的部位，如阳台边栏、遮阳凉棚等，烘卷法是制作的有效快捷方法。找一根弧度略小于所需弧度的金属管，并适当加热此管，然后用ABS塑料板烘卷在同圆弧金属管上，待冷却后，再裁割成所需宽度的圆弧部件，如图2-3-10所示。也可以将ABS塑料板或有机玻璃在炉子上均匀加热软化或用沸水加热软化后，包在金属管上后冷却成型。

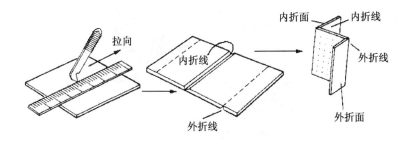

图 2-3-9　连续折曲方法

（3）发泡塑料制作基本方法。发泡
塑料质地松软、材质轻、易加工，一般
只用于制作方案初期的设计模型。先用
铁笔画线，然后用美工刀和自制的电热
切割工具加工。在手工切割时，一定要
注意刀片与切割工作平台间保持垂直，
刀刃与被切割物平面成45°角，这样切割
才能保证被切割面的平整光洁。

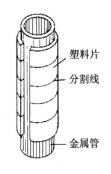

图 2-3-10　制作弧形部位

黏结时使用乳胶做黏合剂，但乳胶
由于挥发较慢，要在黏结过程中，用大头针进行扦插定型，待干
燥后拔出大头针，再作修整。

4. 金属材料建筑模型制作方法

金属材料主要是丝型材料，如铁丝、铜丝等，主要用于制作
建筑模型的栅栏、透墙和门栏等。主要工具是电烙铁，还需焊
丝、焊油等。图 2-3-11 所示的是拉直和焊接金属丝。

以制作楼房阳台栅栏为例，先将金属丝打磨、清洁，然后将
金属丝的一端用台虎钳夹紧，另一端用力拉，使金属丝笔直，再

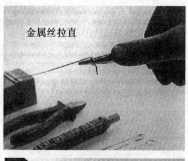

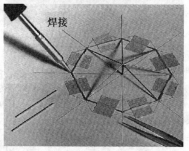

图 2-3-11　拉直和焊接金属丝

在图纸（比例与模型相同）上按要求分段弯折出花纹。可在直径略小的铁管或铁棒上用金属丝绕制成弹簧状小圆圈，然后用剪刀剪出一个个金属丝小圆圈，放在平台上压平整。最后，用金属丝在木板上拉成栅栏网状，用钉子固定，将花纹、铜丝圈、网状的各个接点的金属丝焊接牢，用剪刀分割成若干的阳台栅栏，修平整，弯成栅栏框，如图 2-3-12 所示。焊接完成后，要将焊好的零件放在热水中反复清洗，洗去焊油后再上漆。不这么做，焊油的腐蚀性很快会使零件锈迹斑斑。

5. 建筑模型特殊制作方法

（1）替代制作法。替代制作法是建筑模型完成异形部件制作最简捷的方法。所谓替代制作法就是利用已成型的物品，经过改

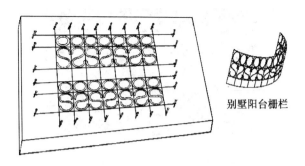

别墅阳台栅栏

图 2-3-12　制作阳台栅栏

造完成另一种部件的制作。这里所说的"已成型的物件"，主要是指现存的、具有各种形态的物品，甚至废弃物。因为这些物品的形状和体量与我们所要加工制作的部件十分接近，即可拿来进行适当加工整理，充当所需要的部件。例如，在制作某一个模型时，需要一个直径为 40 毫米左右的半圆球，很显然，制作这个半圆球是很困难的。因此，可先寻找这样的球体替代品，找不到则再考虑制作。这时，我们不难发现乒乓球的直径、形状与要加工制作的部件很相似，于是我们便可以按部件的要求，用剪刀将乒乓球剪成所需要的半圆体。乒乓球插上牙签构成一种造型，可应用于一些创意模型，如图2-3-13所示。

　　以上所举的例子，只是一个简单的处理方法。当我们在制作造型比较复杂的异形部件时，如果不能直接寻找替代品，我们可以将部件分解到最简单、最基本的形态去寻找替代品，然后再通过组合的方式去完成制作。有些部件可以从模型和玩具商店去寻找，如小人物、仿真交通工具等，有的部件还可以从废弃的塑料包装盒中寻找。有关模型沙盘绿化的替代品，我们在第八章再作详细介绍。

第二章　建筑模型制作方法

图 2-3-13　用乒乓球加工模型

（2）模具制作法。用模具浇注各种形态的部件是制作异形部件的另一种方法。在利用这种方法进行部件制作时，首先要进行模具的制作。模具的制作有多种方法，这里介绍一种简单易行的制作方法。

这种方法是先用纸黏土或油泥堆塑一个部件原型。堆塑时，要注意表层的光洁度与形体的准确性；待原型模具干燥后，在其外层刷上隔离剂；然后用石膏来浇注阴模，在阴模浇注成型后，小心地将模具内的部件原型清除掉；最后，用板刷和水清除模具内的残留物并放置在通风处，进行干燥。

在模具制作完成后，便可以进行模型部件的浇注。一般常用的浇注材料有石膏、石蜡、玻璃钢等。其中，容易掌握且最常用的是石膏。其制作方法是：先将石膏粉放入容器中，加水进行搅拌。当我们把水与石膏搅拌成均匀的乳状膏体，便可以进行浇注。

浇注前，应先在模具内刷上隔离剂，常用的隔离剂由浓肥皂浆或高压聚乙烯醇浆做成。浇注时，把膏体均匀倒入模具内，同时应轻轻震动模具，排除浇注时产生的气泡。浇注后，不要急于脱模，因为此时水分还未排除，强度非常低，脱模过早，会产生碎裂。所以浇注后要待膏体固化，再进行脱模。便可以得到所需要制作的模型部件，适当打磨后即可装配。图 2-3-14 所示的是一个柱体浇注前后的情景。

（3）热加工制作法。这种制作方法适用于有机玻璃和 ABS 塑料板等材料，加工制作有特殊要求的部件，如上述提到的半球面体。

用热加工制作法进行部件制作时，与模具制作法一样，首先要进行模具的制作。但是热加工制作法的模具制作没有一定模式。因为有的部件需要用阴模来进行加工制作，而有的部件则需要用阳模进行加工。

在进行热加工制作时，首先要将模具进行清理，要把细小的异物清理干净，防止压制成型后影响部件表面的光洁度。热压前还要将被加工的板材擦干净后再加热。在加热过程中，要特别注意板材受热要均匀，温度要

图 2-3-14　石膏浇注模型

适中，当板材加热到最佳状态时，要迅速地把板材放入模具内进行挤压，待充分冷却定型后，便可进行脱模。脱模后稍加修整，便可完成模型部件的制作。

四、上　色

建筑模型的色彩是按照模型应用场合的需要来安排制作的。设计类模型一般不需要上色或仅用单色调上色，它由建筑立体块面组成，以示建筑物外形与整体环境的结构比例。在上海市的城市规划展览会能看到这类大型建筑模型群的展出，用全白单色调 ABS 材料的体块和透明有机玻璃体块做成的建筑模型，给人们

一种突出建筑规划主题的强烈印象。用材料原色彩或单色调做模型也是为了简单、快捷地设计建筑立体的草图，通过这些立体草图来修正设计的结构与布局，以达到更完美的境界。因此，单色调或不涂色的模型许多场合都需要，也同样能取得良好的效果。展示类模型和表现类模型一般按照建筑设计的原色彩涂饰。这类模型色彩的特点是：尽可能与建筑原型的色彩一致，使人能直观地、正确地了解建筑的面貌和建筑材料质感。因此，这类模型的上色特别讲究，也比较复杂。

建筑模型制作中的上色方法有很多，如喷涂、笔刷、笔描、粘贴、印刷、雕刻上色等工艺。

不管什么工艺，第一步都要对模型制作后的材料表面进行处理，称为打底，来保证上色成功；第二步进行涂料的选择；第三步进行涂饰。

1. 打底

（1）填嵌腻子。用木或有机玻璃等材料制作的模型都会有一定的凹陷和缝隙，需要用腻子填嵌。填嵌的腻子通常用涂色的颜料、油漆或硝基漆调滑石粉配制。这种填料的优点是：干得快，容易打磨。嵌缝时，需要用薄软的刀片或市场买的刮刀作工具，圆角处要用硬橡胶自制的刮刀，把腻子填补到缝隙里。填缝时要尽量填得平整，填料要适当，不宜多也不宜少，这样，以后打磨时就可以既省力又省时。

（2）打磨。模型各种部件经过填嵌腻子并干透后，把不平整的痕迹耐心细致地打磨光滑。打磨时，要根据材料光滑程度来选择砂纸，一般选用低号较细的木砂纸；还要准备些辅助工具，如在平整木块上垫包一层砂纸，如图 2-4-1 所示，这样打磨，平整效果更好。另外，打磨的力度要适当，直角处要特别细心，不要把直角打磨成圆角。

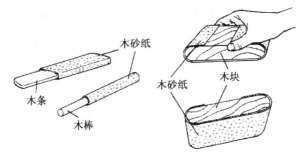

木砂纸

木条

木棒

木砂纸　木块

图 2-4-1　打磨的辅助工具

2. 涂料选择

上色时，要了解涂料与材料间的化学性能，如用喷漆（硝基漆）来涂泡沫塑料就不行，它会融化材料；模型如用一般油漆打底，用硝基漆来喷涂会产生皱纹、龟裂等现象。而用 ABS 塑料板和厚纸板制作的模型，用硝基喷漆涂色效果则是非常好的。涂料一般用以下几种：

（1）罐喷漆。罐喷漆是一种铝合金罐装的涂色材料，又称自喷漆。其颜色品种繁多，市场上都可以买到。只要用手一按喷嘴即可自动喷出硝基漆。

（2）油漆。油漆（如磁漆等）要用漆刷进行涂色，一般用于较大平面的涂刷，制作精细的模型一般不使用。

（3）丙烯颜料。市场上国产、进口的模型丙烯颜料价格较昂贵，一般用于小件精致的飞机、舰船模型的上色，用于建筑模型的上色较少。

（4）自调喷漆。自调喷漆是将几种颜色的硝基漆调制成所需的颜色，然后用香蕉水稀释，装在气压式喷枪罐内进行喷涂，也可用漆刷进行涂刷。用喷枪喷涂，漆粒子细且均匀，速度快，喷涂后容易干。自调喷漆价格便宜，适用于规模较大的模型制作。

（5）其他涂料。还有许多涂料用于建筑模型的上色，如685涂料、水粉颜料、环氧树脂漆、酚醛树脂漆等，它们一般用漆刷进行涂刷，可根据模型的实际情况来选用。

有些模型的块面可用颜色相近的粘贴纸进行贴色，如地面的地砖、墙面的装饰等，但粘贴面不能太大，转角、圆弧处一定要用少量的502胶加固，否则时间长了会脱落。

3. 喷涂

喷漆具有涂色均匀、漆面平整、喷涂速度快、省料、漆膜易干等优点，所以在建筑模型的制作中使用最多。

（1）自喷漆喷涂。自喷漆喷涂有简单方便且经济的优点。它可省去传统的喷漆工具（如喷枪、压缩泵等大型机械设备），但缺点是不能按照建筑物的色彩来自行调制颜色，受到使用的限制。自喷漆在喷涂前，一定要先将罐内的漆上下摇动，保证罐内喷漆均匀。然后喷嘴离开模型部件30厘米左右进行喷涂上色，喷出漆粒要细且均匀，如图2-4-2所示。喷涂要分几次进行，每次喷涂漆干后都要用水砂磨去细杂粒。

图 2-4-2 自喷漆

（2）自调喷漆喷涂。自调喷漆喷涂需要用压缩泵和喷枪。压缩泵是电动压缩气体的机械。它压缩气缸内的活塞将空气压缩到储气钢筒内，筒内的压缩气体再通过橡皮管到喷枪，将喷枪漆罐内的喷漆连同气体一起射出，细小的漆粒呈雾状喷涂在模型部件上，如图 2-4-3 所示。

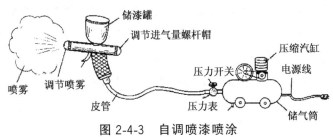

储漆罐

调节进气量螺杆帽

压缩汽缸

压力开关

电源线

喷雾　　调节喷雾

皮管　　　　　压力表　　储气筒

图 2-4-3　自调喷漆喷涂

自行调制硝基喷漆要先确定模型部件颜色，并在色谱表中定位，然后用淡色漆为基础，缓慢加入深色漆进行试样，确定后再按各色漆的比例调制。调制量要比预计的喷涂量多一点，留下的漆可作修补之用。调漆要一次调成，因为以后再调漆的颜色与原先的不可能完全一样。

喷漆在喷涂时需用香蕉水稀释，这是因为喷枪管较细，厚漆会阻塞枪管，使喷出的漆粒子粗，喷漆面呈麻状。稀释的程度可用调漆棒目测，方法是将调漆棒浸在漆中，提起时，喷漆连续滴下即可。或试喷一下，看喷雾是否均匀，没有断断续续喷出雾气即可。

喷漆时，喷枪要均匀地来回喷涂，不能停在一点上喷涂。喷一遍后停一停，让漆稍干后再喷，以防喷漆过多而流挂下来（俗称"拖鼻涕"），影响喷涂质量。

喷涂要在晴天气温较高的时候进行，阴天空气湿度大，漆膜干后，会生成白色翳雾（俗称"返白"）。如急需喷漆，较理想的是将模型置于几盏红外线灯照射下进行喷漆，但要注意，红外线灯不能靠得太近，以防热量过大引起漆面起泡。另外，不宜在尘土飞扬的场合下进行喷涂。

（3）不同色面的喷涂。对构件不同色面的喷涂有以下几种方法：

（1）遮喷。遮喷法通常用玻璃胶带纸将不需要喷涂的部分遮盖起来，喷涂一种颜色漆；待干后撕去玻璃胶带纸，再喷涂另一种颜色漆，形成不同色面的模型部件。

（2）分喷。分喷法是将不同颜色的模型部件分别制作，分开喷涂，待干后再进行装配。

（3）贴色。贴色是用美工刀将不同颜色的粘贴纸裁成块、条、线等来粘贴墙面，以形成不同的色面。

（4）自制玻璃幕墙。现代建筑有很多采用的是玻璃幕墙。在制作模型时，很难能买到制作玻璃幕墙的材料，因此需自己来制作。制作方法是，在有色（一般蓝、绿较多）透明有机玻璃（厚度为 0.5～1 毫米）的背面喷涂银粉。如果外墙都是玻璃幕墙的建筑，可以用有机玻璃做成模型，直接用上面的方法喷涂玻璃幕墙。

第三章　纸质建筑模型制作

一、小石桥

江南水乡，河流密布，人们在上面架设桥梁，方便往来。桥梁的形态多种多样。今以江南常见的小石桥为范本，用纸来制作一座小石桥。

1. 材料

厚 0.5 毫米的卡纸，胶水。

2. 工具

铅笔、尺、剪刀。

3. 制作过程

（1）绘图样。按照图 3-1-1 所示的图样，在卡纸上放样画出

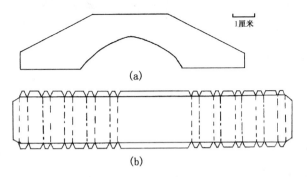

（a）

（b）

图 3-1-1　小石桥的图样

桥栏两片，见图 3-1-1（a）；再放样画出桥面和台阶，见图 3-1-1（b）。注意尺度要准确，台阶部分各线要平行。画好后要仔细检查，特别是台阶的级数不要搞错。

（2）剪刻。剪下桥栏，注意两边大小要一样。桥面和台阶最好用刀刻勒线，在弯折部位用刀刻浅勒线。注意正反折部位的勒线方法是不同的。刻好勒线后再进行弯折。

（3）胶合。在桥面的黏结边涂上胶水，将其黏结到桥栏上，如图 3-1-2 所示。注意：为制作顺利，桥栏内的一面都要画好桥面和台阶的黏合位。黏合时，要用尺的直角用力压一下黏合部位，确保黏合牢固准确。黏合程序是：先黏一边桥栏，待干后再黏另一边桥栏。图 3-1-3 为完成制作后的小石桥效果图。

图 3-1-2　黏结桥面、桥栏

（4）优化。经过以上三个步骤后，小桥算完工了。但是看看江南风景区内小桥的形状，对照自己的作品，是否还可以作优化改进呢？能否再对

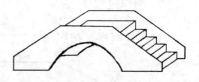

图 3-1-3　小石桥模型

小石桥整体分部着色？尝试做一个自己心中的小桥吧！

二、方　塔

塔，原是印度佛教徒为保存释迦牟尼的佛骨舍利而建造的纪念性建筑。塔传入中国后逐渐演变，作用也扩大了，如用于贮藏佛经，或建在城楼上用于瞭望，也可建在园林中作为风景的景点

等等。

塔的平面以四方形和八角形为多，塔的层数多为单数。塔的建造材料采用砖、石、木料等。

塔传到中国后演变成楼阁式建筑，用砖木构建。唐代的塔多为四方形，宋代的塔多为八面形。唐代的塔壶门不错位，宋代的塔壶门错位，因面多和壶门错位增加了强度，有利于抗震。所以后世建造的楼阁式塔，多是以宋代的形式建造。

1. 材料

卡纸、颜料、胶水。

2. 工具

直尺、铅笔、剪刀、美工刀。

3. 制作过程

（1）放样。在卡纸上依照图 3-3-1 所示的标示图样按比例绘制，塔体和塔檐都要画一对，其他的按图说明来制作。

（2）剪刻制作。检查画好的纸样，确认无误后剪下，塔身上先刻出塔壶门后再刻线弯折。塔檐也是刻线后再弯折。

（3）拼合塔身和塔檐。先把塔身的两片拼合成四方形后粘到底板上，如图 3-2-2 所示。再等胶水干后把各层的塔檐拼好，待胶水干透，将塔檐由下往上逐层套入检查，发现问题再进行修整，检查完毕后逐层胶合，如图 3-2-3 所示。

（4）拼合塔顶、塔刹。塔顶是塔模型的眼睛，需精心制作。先在塔顶平板上拼好骨架，再逐片粘上塔顶，注意弧线的顺畅，飞檐戗角是中国建筑的特色，一定要小心制作，使它四面对称。拼好后装上塔刹，塔刹共 4 片，弯折成 90°后四片拼合，外形似

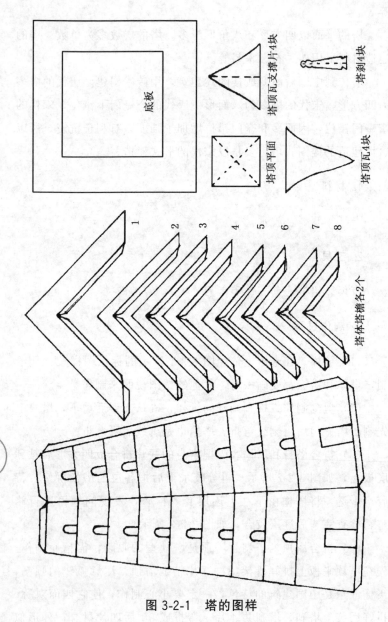

底板

塔顶瓦支撑片4块

塔刹4块

塔顶平面

塔顶瓦4块

塔体塔檐各2个

1
2
3
4
5
6
7
8

图 3-2-1 塔的图样

宝瓶葫芦状。装塔刹时要注意垂直。图 3-2-4 是它的制作过程。

图 3-2-2 拼合塔身

图 3-2-3 粘上塔檐

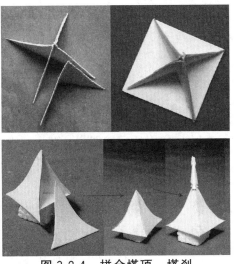

图 3-2-4 拼合塔顶、塔刹

第三章 纸质建筑模型制作

（5）美化和总拼装。同学们可留心观察你所见到的真实的塔。对照实样或寻找资料图片作参考，对模型塔进行涂色美化，也可以按自己的设想来美化自己的模型。等涂上的颜色干透后，再粘上拼好的塔顶。图 3-2-5 是整体塔制作后的形态。

图 3-2-5　塔模型

三、别墅小楼

别墅是人类的高级住所。在风景优美的地方，建造起一幢幢适于休闲居住的小楼，可使人们消除一天紧张工作的辛劳，愉快地享受生活的乐趣。

1. 材料

卡纸、胶水、透明塑料片。

2. 工具

铅笔、尺、美工刀、剪刀、水彩笔等。

3. 制作过程

（1）放样。按图 3-3-1 所示的图样，在卡纸上复制出图样，并仔细核对。确认无误后，按自己的设计与爱好用水彩笔给模型纸样上色（可参考有关建筑彩图）。

（2）刻制门窗。用刀把图中所示的窗上应装玻璃的部位刻挖去。在背面用双面胶把透明塑料片粘上。此工序制作要极其小心，因窗框只有 1 毫米粗，稍有不慎，则前功尽弃。

（3）剪刻墙体及各部件。用剪刀或美工刀把所画的部件剪下

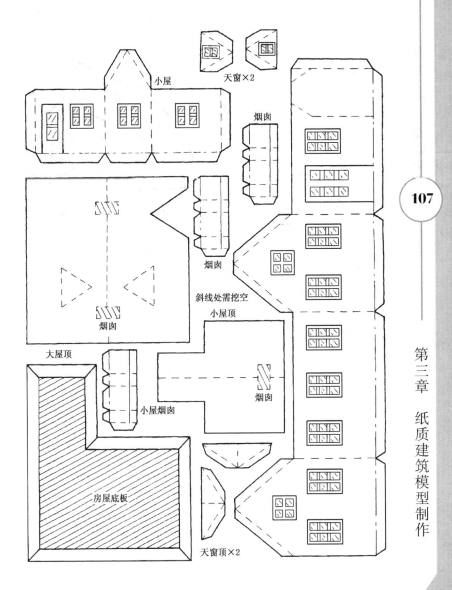

图 3-3-1　别墅小楼的图样

或刻下。并将需弯折的部位进行勒线（用刀划一印痕便于弯折）

（4）拼粘墙体。把墙体弯折好后，将其涂胶并粘到底板上，用直角尺仔细检查，使各边相交处互为直角。

（5）总拼装。先把天窗、天窗顶和烟囱几个小部件黏结好，并安装在屋顶上；然后，把屋顶折粘，注意两边屋檐伸出的长度要相等，图3-3-2所示的是完成后的形态。

图3-3-2　别墅小楼

（6）美化。别墅少不了一个很大的花园，让种植的花草与屋子相映生辉，院子周围还有低矮的围栏。尝试用各种不同的方法把建筑模型打扮得更加完美些。

四、荷兰风车磨坊

在荷兰这个国家的田野上，有不少利用风车磨坊，别具风情。

1. 材料

卡纸、塑料透明纸、大头针、胶水。

2. 工具

铅笔、直尺、复写纸、剪刀、手工刀。

3. 制作过程

（1）将图3-4-1所示的图样放样绘制在卡纸上，把门窗刻下，另取比门窗大3～5毫米的卡纸来制作门窗，窗框边缘要光

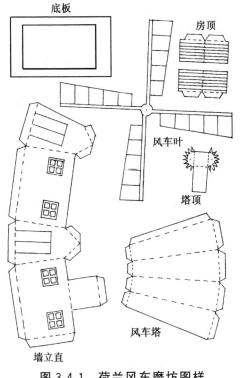

图 3-4-1　荷兰风车磨坊图样

底板

房顶

风车叶

塔顶

风车塔

墙立直

滑。在窗框的背面粘上透明塑料纸作为玻璃，待胶水干后粘到门窗的位置上。

（2）用刀把磨坊墙的立面刻出，在弯折处划痕，弯折成型后粘到底板上。黏合时要注意各立面的角度是否正确。

（3）把风车塔剪下后，制成一个四棱柱体。再把半圆柱体的塔顶制作好，等胶水干后再粘到屋顶的平台上。为了防止变形，需要同时把屋顶粘上，作为风车塔的支撑座。

（4）把风车叶剪下，设法压制平整。取大头针插入风车叶的中心点，再插入塔顶的小黑点处。为使模型更逼真，可以将风车叶的叶面刻空，蒙上彩色纸并适当弯折一下，使其受风时能够转动，如图3-4-2所示的荷兰风车磨坊的立体效果图。

（5）全白色的模型色彩不够丰富，同学们可以在模型上涂上自己喜欢的颜色。这样，一件漂亮的作品就会展现在你的眼前。

五、乡村小院

图 3-4-2　荷兰风车磨坊

在中国的农村有不少独门独户的乡村小院，在居住的住所周围用土墙、竹篱等搭成了一圈围墙构成小院，在小院内种植花果、饲养鸡鸭、放些杂物。本节介绍制作这样的一个乡村小院，有小屋、篱笆、小路，再种上棵果树，构成一道美丽的风景线。图 3-5-1 所示的是乡村小院模型制作完

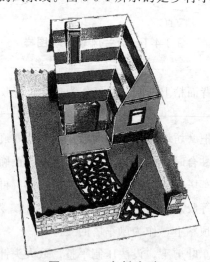

图 3-5-1　乡村小院

成的效果图。

1. 材料

一张 16 开卡纸、胶水、水彩笔等。

2. 工具

铅笔、尺、美工刀、剪刀。

3. 制作过程

（1）放样。按照图 3-5-2 所示的图样，在卡纸上放大并复制

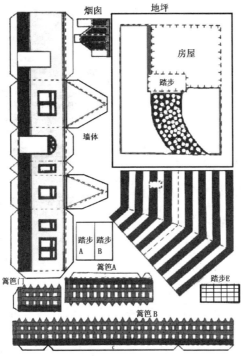

图 3-5-2　乡村小院图样

出各个模型部件，根据中国乡村的特点，用水彩笔给模型纸样涂上相应的颜色：土黄色的墙体、红白相间的屋瓦、绿色的篱笆、暗褐色的地坪等。

（2）剪刻部件。用剪刀或美工刀把所画的墙体、屋顶及地坪等部件剪下。将需要弯折的部位用刀划一印痕，然后弯折，注意墙体有正折和反折线之分，要按其弯折。

（3）拼粘墙体和踏步。把弯折好的墙体先涂胶粘到地坪上，用直角尺仔细检查，使各边相交处互为直角。在门口做个平台踏步，简单地把四片纸片叠粘而成。

（4）拼粘屋顶。先把烟囱等小部件黏结制作好，放在边上晾干；然后折粘屋顶，注意屋顶有正折和反折线，并按其弯折；再将烟囱粘在屋顶上。

（5）总装。先把屋顶安装到墙体上，注意两边屋檐伸出宽度要相等，图 3-5-3 所示的是总装完成后的形状。然后再把剪好的篱笆折好粘到地坪四周。

图 3-5-3　房屋模型

第四章 木质建筑模型制作

一、四角亭

亭是园林中形式最多、布置最灵活的小型建筑，它开敞，一般无窗，周围可坐。亭大多为攒尖顶，常见的形状有四角、六角、八角等。

1. 材料

卡纸、1毫米厚的木片、一次性圆竹筷（一根）、砂纸、透明胶带、硬纸板、白胶。

2. 工具

铅笔、尺、美工刀。

3. 制作过程

（1）放样。先在卡纸板上按图4-1-1（b）所示的图样，放样画一个底边为50毫米、高为30毫米的等腰三角形，作为制作的样板。此过程关系到整个模型的正确性，要认真仔细，三角形的两边一定要等长，检查无误后剪下。

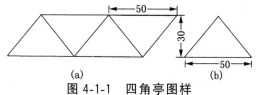

图 4-1-1 四角亭图样

（2）划样切割。把剪下的样板放在木片上，用铅笔划出线痕，需 4 个三角形，如图 4-1-1（a）所示。在木片上切割边长为 54 毫米的两个正方形，一块做亭顶，另一块做亭的地坪。正方形的边一定要互为直角。此过程需注意套用木片规格，常用的木片规格为：厚 1 毫米、宽 55 毫米、长 1 米。薄木片加工时易裂，可在木片的背面粘上透明胶带。用美工刀切割木片，切割时应先在印痕上轻划几下，然后加大力度直至木片分开。

（3）整形。将 4 片三角形木片叠在一起，检查有无差别，并用砂纸磨各个边。同样也把正方形木片的各边进行砂磨。

（4）制作亭顶。切割长 54 毫米、宽 2 毫米的木片条 4 根，粘在四方形木片的边上。黏合时，木条的两端要割出 45°角，如图 4-1-2 所示。再将三角形的木片黏到细木条围成的方框内，先将两片三角形对角黏结。为了防止木片倒下，可用切割时多出的木片，割出合适的长短作为支撑，粘在里边。此过程不宜性急，应先黏合一部分，等胶水稍干后，再黏合其余部分。要分几次黏合，方能成功。

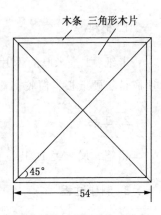

图 4-1-2　制作亭顶

（5）制作亭柱。亭柱选用一次性竹筷。在竹筷上每隔 30 毫米画一道印痕，用刀把它切割下或用锯锯下，共需 4 根。为保证黏结牢固，须把亭柱的两端砂磨平整。砂磨时要将 4 根柱子放在一起磨，这样才不会产生长短不一的情况。

（6）拼装。先取黏合牢固的亭子四方顶，用砂纸把黏合时蘸上的胶水印砂磨干净。在亭的地坪面，沿四方形的边向内 6 毫米画一条线，每两条线的交点就是安装亭柱的位置，全画好后涂胶黏合亭柱，如图 4-1-3 所示。

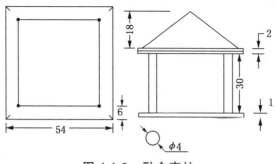

图 4-1-3　黏合亭柱

（7）合理化。经过上述 6 个步骤，亭子可以说完成了。但请想一想，公园里的亭子与自己的作品两者相比，自己的模型还有什么可以改进的地方？能不能把它做得更完美些！

二、苗家木屋

　　苗族是我国 56 个民族中的一员，主要居住在贵州省、云南省、四川省和广西壮族自治区等地。苗族人居住的房屋大多用木料建造。为仿真可采用 2 毫米×10 毫米×110 毫米的木条（冰棍棒）拼接制作苗家木屋，图 4-2-1 为木屋模型效果图。

图 4-2-1　苗家木屋

1. 材料

2 毫米×10 毫米×110 毫米的木条若干根，砂纸、透明胶带、白胶。

2. 工具

铅笔、尺、美工刀、硬纸板。

3. 制作过程

（1）先对照图纸，如图 4-2-2 所示，用铅笔、直尺在白纸上将木屋的窗、门、房顶、左、右、前、后墙等全部放样绘制出来。绘制时，注意线条要横平竖直，每个角（除屋顶外）都是直角。绘制时要仔细检查。

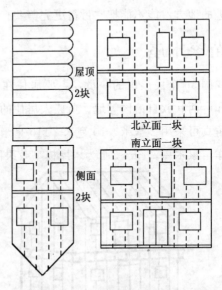

图 4-2-2　苗家木屋图样

要用三角尺的直角边进行复核。确认无差错后，剪出纸样作为衬底。

（2）拼合各墙面及屋顶。先把木条平铺在桌面上作一番挑选（木纹美观，木色相近），然后涂上胶水在纸样上拼合。拼合时，先要把门、窗部位挖去。全部拼合好后，放在平板上晾干。

待胶水干后，以纸样为标准，用小刀、直尺进行修整，修去多余部分，最后用砂纸仔细砂磨光滑。但要注意各个板块的边缘都要是直角，不能变成圆角。当胶水干后，割出2毫米×2毫米的细木条，粘在墙体的底部作墙角护木。图4-2-3所示的是拼粘侧面板的过程。

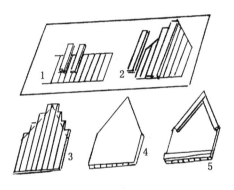

图 4-2-3　拼粘侧面板

（3）门的制作。截取长短合适的木条，拼合后砂磨光滑，大小以能装进门框内为准。安装时用布条或单面胶带纸黏合，如图4-2-4（a）所示。

（4）窗的制作。用刀截取长短合适的火柴梗，涂胶后粘在窗框内。截取火柴梗时，要用滚切法，千万不能用剪刀剪，如图4-2-4（b）所示。

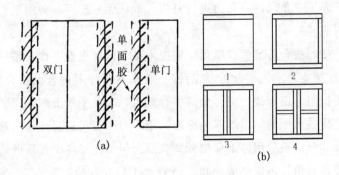

图 4-2-4　窗的制作

（5）拼合墙体。将制作好的墙体对照示意图进行试拼合，检查是否有缝隙，如有则进行修整。为确保角度正确，可用硬纸板或木片制作几个直角三角形衬板。拼装墙体时，要在平整的玻璃板上进行。制作时用三角尺的直角边随时检查是否垂直，如图4-2-5 所示。

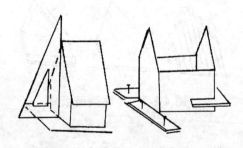

图 4-2-5　检查墙体垂直度

（6）拼屋顶。先把屋顶板的拼合处用砂纸磨出一个斜面，然后放在墙体上方检查，当屋顶板拼合处无缝隙时，再涂胶黏合，如图 4-2-6 所示。

（7）制作回廊、栏杆。在墙体距底部 40 毫米的高度处画一条线，作为回廊的黏合基准线。用木条围绕墙立面一周进行黏合。胶水干后，在回廊上每隔 1 厘米用铅笔点一点，作为栏杆的黏结点。栏杆可选用牙签制作，选粗细一致的牙签若干支割成 1 厘米长的一段一段。需用多少按回廊上的点数

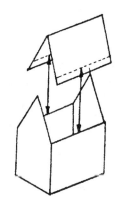

图 4-2-6 拼屋顶

确定。黏结栏杆时要用镊子协助，镊子夹起栏杆，一端蘸上胶水放到回廊上画的铅笔点上，要求高低一致、排列整齐。再等栏杆胶水干时，设法割出一条 1 毫米×2 毫米的木条作为栏杆扶手，粘到栏杆的顶部。

（8）检查修整。在整个制作过程中，要时刻注意尺度正确，胶水要少，以能粘牢为准。模型制作完成后，再次进行检查，确认无误。最后用细砂纸磨去不小心沾上的污渍或溢出的胶水渍。有条件的可在模型上涂上清漆，防水防尘。

三、傣家竹楼

傣族，我国 56 个民族中的一员，主要居住在云南的德宏、西双版纳等地区。他们居住的地方属热带气候，终年温暖湿润。傣族人的住房也很有特色，称为吊脚楼，因多用竹制，故称竹楼，上层住人，并分割为堂屋、卧室、前廊、晒台，下层饲养家畜及堆放杂物。

1. 材料

直径 2～3 毫米的竹丝若干，卡纸一张，120 毫米×90 毫米三夹板 1 块（底板）、胶水（白胶）。

2. 工具

铅笔、尺、剪刀、美工刀、砂纸。

3. 制作过程

（1）放样。按照图 4-3-1 所示图样，在卡纸上把竹楼各部分放样画出，画好并检查无误后再剪下。注意：墙面和屋顶板都要画 2 块。

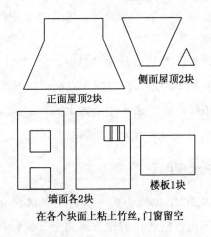

图 4-3-1　傣家竹楼图样

（2）板块。把剪好的板块平放在桌上，涂上胶水，将竹丝一条条地粘在上面。注意竹丝的方向，竹丝要粗细均匀。粘时要根据板块的大小、长短把竹丝截成相同长短后黏合。粘墙面时要注意留出门和窗的位置。拼板块时用胶要适量，既要把竹丝粘牢又不能使竹丝表面沾上胶水影响美观。

（3）墙体。取制作好的 4 块墙体，进行检查和修整，确定尺寸无误后，粘到底板上。粘时要检查各板块的垂直度。墙体粘牢后，可以把自己做好的竹门，用胶带从墙的里面粘上。

（4）副楼。按照图 4-3-2 所示制作副楼楼板。取直径 3～4 毫米的竹丝，将其截成 4 根长 40 毫米的竹丝，粘在二层楼板的下面。待干后，粘到墙板开门的这一面上。要保证楼板与墙面垂直。在楼板的上面再粘 2 根长 40 毫米的竹丝作为屋顶的支撑。再用直径 1～1.5 毫米的竹丝制成高 10 毫米的围栏，如图 4-3-2 所示。

（5）楼梯。取直径 1.5～2.5 毫米的竹丝，截成 50 毫米长的 2 根作竖杆；截 8～10 毫米长的 5～6 根作横杆。在平整的玻璃板上拼成竹梯。待牢固后粘到二层楼板边上。竹梯的制作关键是竹丝必须截成一样大小，横杆的间距匀称，每一横杆与竖杆应保持垂直，如图 4-3-2 所示。

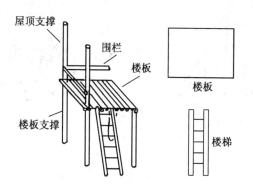

图 4-3-2　制作副楼、楼梯

（6）凉棚。按照图4-3-3所示制作凉棚，同样在纸样上粘竹丝，组合后粘在主楼所定位置，如图4-3-5所示。

图 4-3-3　制作凉棚

（7）屋顶。傣家竹楼的特色就在屋顶，它带有通气孔，如图4-3-4所示。屋顶带有坡度，拼合时要小心，可先用胶带黏合，放到屋上检查，发现问题及时修整，当确认正确后取下，再进行胶合。图4-3-5所示为竹楼的效果图（竹丝效果省略）。

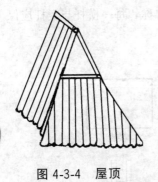

图 4-3-4　屋顶

图 4-3-5　傣家竹楼

（8）美化及改进。经过以上的制作过程，竹楼已告成，怎样进行美化？可以上网查找各种图片资料，寻找你心仪的竹楼景色，并依此对模型进行美化。

四、钟 楼

钟楼具有观赏、标志的功能，是近代建筑物中较有代表性的建筑，在世界各地都可以看见它的身影。

1. 材料

厚 1.5 毫米木片、2 毫米×2 毫米规格木条、三夹板、白卡纸、泡沫塑料。

2. 工具

铅笔、直尺、圆规、剪刀、美工刀、砂纸、镊子、锯子。

3. 制作过程

（1）制作第一、二层。钟楼的第一层和第二层都是一个圆柱体。在三夹板上画出直径分别为 44 毫米和 34 毫米的圆形各 2 个，锯下后进行修整。另取 10 毫米×10 毫米的方木条，锯成长 60 毫米和 50 毫米的各一段。分别与直径 44 毫米和 34 毫米的圆形三夹板连接，如图 4-4-1 所示。注意两块板要同心。

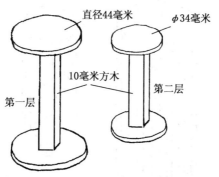

直径44毫米 φ34毫米 10毫米方木 第二层 第一层

图 4-4-1 制作钟楼第一、二层支撑

取 2 毫米×2 毫米的木条，一根根地粘到两块三夹板的圆周上，如图 4-4-2 所示。待胶水干透后，用砂纸打磨一下。

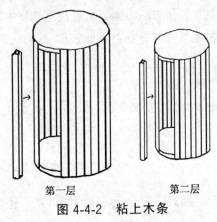

第一层   第二层

图 4-4-2　粘上木条

第一层在离底部 35 毫米的地方，画一条线并进行三等分，在每个等分点画一个宽 5 毫米、高 10 毫米的长方形，用小刀小心刻出，作为窗孔。

第二层在离底部 20 毫米处画线，也进行三等分，也画 5 毫米×10 毫米的长方形后刻出孔，如图 4-4-3 所示。

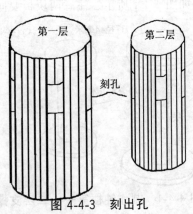

第一层   第二层

刻孔

图 4-4-3　刻出孔

（2）制作第三层。在 1.5 毫米的木片上，画出 2 个长 40 毫米、宽 24 毫米的长方形，2 个长 40 毫米、宽 21 毫米的长方形，画好并刻下后打磨。再在每一块木片的底部中间画一个宽 8 毫米、高 15 毫米的长方形，刻出方孔后，用 1.5 毫米×1.5 毫米的细木条拼出门框。全部完成后，把 4 块木片拼成 个正四方形，并在两端粘上木片后再打磨修整，如图 4-4-4 所示。

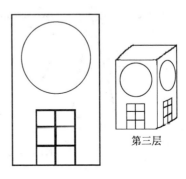

图 4-4-4　制作第三层

（3）制钟面。先在白纸上画 4 个直径 20 毫米的圆，将圆 12 等分作钟面，并标上相应的数字。接着剪出宽为 1 毫米的纸条，再剪成合适的长短作指针。

注意：钟面 12 小时的表示应用罗马字母显示。（Ⅰ Ⅱ Ⅲ Ⅳ Ⅴ Ⅵ Ⅶ Ⅷ Ⅸ Ⅹ Ⅺ Ⅻ）括号内为 1～12 罗马字母。

（4）制作第四层。第四层是一个边长为 12 毫米的正六边形。先在木片上画出 6 个长 30 毫米、宽 12 毫米的长方形，如图 4-4-5 所示。画好后刻下并打磨修整。在每一块木片的底部中间刻一个宽 8 毫米、高 15 毫米的方孔，并用 1.5 毫米×1.5 毫米的细木条粘好门框。为拼合紧密，每一块木片设法修整成梯形后进行拼接黏合。

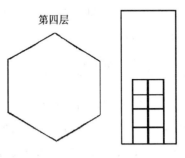

图 4-4-5　制作第四层

（5）制作顶部和门厅。按图 4-4-6 所示的图样，制作 8 块高

30 毫米、底边宽 8 毫米的等腰三角形木片和一个八角底板，然后在八角底板上拼粘一个八棱锥体。

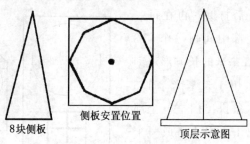

8块侧板 　　　　侧板安置位置 　　　　顶层示意图

图 4-4-6 　制作顶部

按图 4-4-7（b）所示的图样，制作门厅的正立面、侧立面和组合，一共要 3 套。拼粘后再打磨修整，按图4-4-7（c）所示安置在底层外侧 3 个夹角为 120°的方向。

（6）总装。为保证拼装质量，拼装前在每一层的上下两面画好中心点，并把上面的中心点用大头针戳一个孔，下面的中心点打一枚大头针，剪去针头即可插入下一层上表面的中心孔中。图 4-4-7（a）所示的是钟楼建筑侧视图，图4-4-7（c)所示的是钟楼建筑俯视图。

五、欧式小楼

在欧洲的大陆上有不少精美的民间小楼，它们各有特色和风味，像一个个艺术品，使人赞叹不已，流连忘返。本节介绍的欧式住宅是其中的一种。在制作过程中，可以领会近代欧式建筑的魅力。

1. 材料

长 80 厘米、厚 1.5 毫米木片，长 10 厘米、厚 1 毫米木片

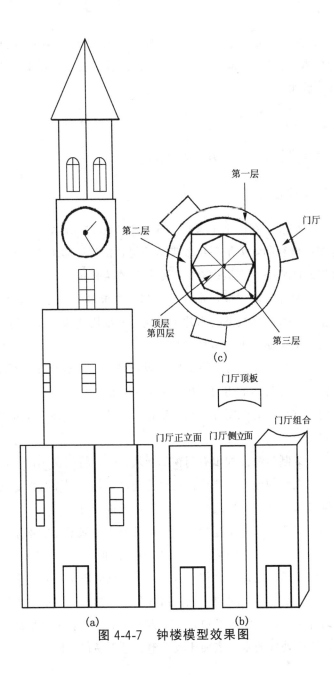

第一层

门厅

第二层

顶层
第四层

第三层

(c)

门厅顶板

门厅正立面 门厅侧立面

门厅组合

(a) 图 4-4-7 钟楼模型效果图 (b)

（松木、桐木均可使用，采用航模规格木料，厚度不同，但长度均为 1 米，宽为 55 毫米），白纸一张、透明胶带（或封箱带）、砂纸、胶水。

2. 工具

铅笔、直尺、美工刀、剪刀。

3. 制作过程

（1）放样。在白纸上按图 4-5-1 和图 4-5-2 所示，把图样完整地按比例复印，剪下后用胶带试着组合拼粘局部建筑。发现问题可以及时修整，直至没有问题后拆开作为样板。

（2）复样。取样板在木片上排列，力求最经济地使用木料。可以把每一块的样板贴在木片上。注意：如用圆珠笔或别的笔画线，会留下印痕，可能破坏模型的美观。

（3）下料。在木片的背面粘上封箱带，防止刻的时候木片碎裂，在直尺的帮助下用刀刻出每一块需要的材料。

（4）整型。对照图样，用砂纸把每一块板块的外形尺寸打磨修整到位。

（5）刻制门窗。找出有门窗的板块，逐一将门窗刻出。用刀刻时，遇直线的地方，要用钢皮尺作辅助工具。圆弧状的孔开挖时要顺着弧度，挖好后用砂纸卷圆笔垫着进行打磨。

（6）门窗。取厚 1 毫米木片，用刀刻成 2 毫米宽的木条，如图 4-5-3（a）所示。胶接门窗框条的顺序如图 4-5-3（b）所示。由于部件较小，用镊子夹住将省力许多。粘时胶水不宜过多，否则会影响美观。黏结时要注意门窗框条分隔的左右对称和上下均匀。黏合完成后，将砂纸包在一个方木块上，沿着木板平面来回打磨，这样处理的木片表面比较平整，且不易损坏框条。

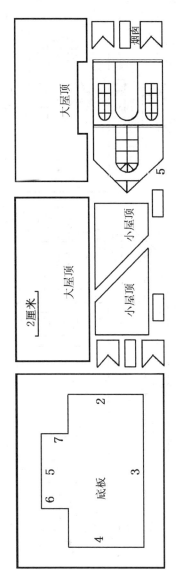

图 4-5-1 欧式住宅图样 1

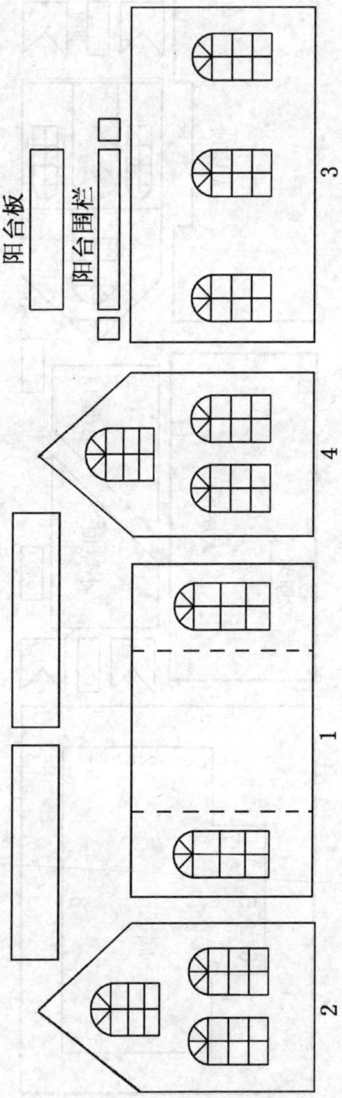

阳台板

阳台围栏

3

4

1

2

图 4-5-2　欧式住宅图样 2

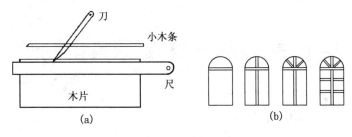

图 4-5-3　制作门窗

（7）墙体。将拼好的门窗框条的墙板对号入座，一一黏结到底板上。注意各拼合处应互成直角。

（8）屋顶。先把大小屋顶分别拼合胶好。再放到屋顶上检查，特别注意大小屋顶的接合处是否紧密，发现问题要进行修整，确认无差错后，用涂胶黏合。

（9）阳台、烟囱。把阳台粘到门楼上，注意与地面平行。烟囱有 2 个，拼好后放到屋顶上检查是否合适，确认正确后粘到各自的位置上，如图 4-5-4 所示。

图 4-5-4　欧式小楼

（10）美化。经过一番努力，模型已告完工。但木质的本色还不够美观，怎样使模型更好看？查找一些资料，挑选你喜欢的样式，尝试将你的模型进行美化。

第五章 其他材料建筑模型制作

一、现代厂房

现代的工厂有着宽敞的多层厂房，在那里安装了现代自动化设备，有众多的工人在紧张地劳作。多层厂房的特点是：空间大、采光足、土地利用率高。本节介绍制作一座现代厂房模型。此模型结构的特点，与多层建筑物建造过程差不多，是一层一层向上制作的，最后安上各外墙立面，完成整个模型制作。

1. 材料

厚1毫米乳白色的 ABS 塑料板、厚 0.5 毫米透明的有机玻璃或塑料片、氯仿、502 胶水。

2. 工具

拉刀、美工刀、剪刀、直尺、电烙铁。

3. 制作过程

（1）制作内部层楼板。整个模型分为内部和外部两个部分：内部楼层和外墙立面。图 5-1-1（a）所示为 1：1.5 比例楼层板材料的尺寸图。制作时，首先按照图所示的大小，用拉刀在 ABS 塑料板割出 5 块楼层板，并把这 5 块板合在一起打磨，保证每块板大小一致。

（2）制作楼梯。在楼层的两端有上下步行用的楼梯。用美工刀切割如图 5-1-1（a）所示楼层板两端的线条，在折弯处用刀刻折痕，用电烙铁在适当距离烘热折弯处，趁热迅速上下弯折，形成图 5-1-1（b）所示的形状。5 块板的两端都要进行上述制作，并且形状一致。

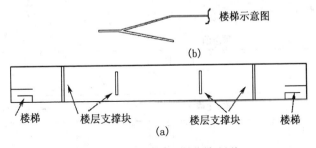

图 5-1-1　楼层与楼梯的制作

（3）楼层组合。裁割宽 6 毫米、长 20 毫米的白色 ABS 板 12 块和宽 6 毫米、长 14 毫米的 ABS 板 12 块，作为楼层支撑块。分别用氯仿把它们一块一块竖粘在如图 5-1-1（a）所示的各个位置上，注意防止氯仿渗出而玷污表面。然后再把楼层板一层一层地黏合起来，每块楼层板要上下对齐。再裁割宽 25 毫米、长 44 毫米的白色 ABS 板 4 块，作为加强构件，竖直地粘在楼层两侧，如图 5-1-2 所示。

图 5-1-2　楼层组合

（4）制作外墙面。按图 5-1-3 所示模型外墙立面的材料尺寸图制作，比例是 1：1.8。在实际切割前，最好再一次测量已制作好的内部多层楼层的实际尺寸，如有误差可以马上修改外墙面，保证内外精密组合。外墙面也采用白色 ABS 塑料板，每个门窗都要用美工刀切割出来，如图 5-1-4 所示，注意门窗尺寸和每个直角。

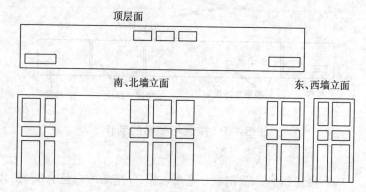

图 5-1-3　模型外墙立面图样

图 5-1-4　切割门窗

（5）粘透明板。图 5-1-5 所示的是完成后的 4 块外墙立面和 1 块顶楼面部件。裁割对应门窗大小的透明塑料板，应注意，几个门窗用一块透明板，尺寸比外墙面小 1 毫米。全部完成后，将其一一粘在外墙面和顶楼面门窗部位的内侧上。

（6）墙面组合。可以试把外墙立面组合上内部层楼体块，要仔细检查各角的拼合情况，如有不妥就适当打磨。检查无误后，用氯仿点滴各角以黏合，仍然要注意避免氯仿渗出，不要沾污表面。图 5-1-6 所示的是整体乳白色厂房模型完成后的形状。

图 5-1-5　外墙立面和顶楼制作

图 5-1-6　厂房模型

二、东方明珠电视塔

东方明珠电视塔高 468 米，为亚洲第一，世界第三，仅次于加拿大多伦多和俄罗斯莫斯科的电视塔高度。它的底座为三斜柱，立面为三直筒，主体为三圆球，最上面的称太空舱，高度为350 米。夜晚登临远眺，万家灯火一片辉煌。

1. 材料

乒乓球一个，直径 25 毫米、15 毫米泡沫塑料小球各一个，直径 5 毫米饮料吸管，KT 塑料板（可用 5 毫米厚度的泡沫塑料板代用），牙签，卡纸、砂纸、胶水（白胶、502 胶）。

2. 工具

尺、圆规、剪刀、美工刀、铅笔。

3. 制作过程

（1）制作中、上球体。将泡沫塑料割成 25 毫米和 15 毫米的立方体，在 6 个面上画好中心点后，用圆规画出各自直径的圆。先用美工刀进行粗加工，初步成型后，用木锉刀或砂纸进行细加工，直到成型，要求光滑圆润。全部完成后，参照图 5-2-1 (a)，在 3 个球上各自涂上红色的色条。参照图上 3 个球体的阴影部分涂色。

（2）制作底座。在 KT 板上画一个直径 80、50、20 毫米的同心圆。先对直径 20 毫米的圆进行 6 等分，沿着圆周边上，按吸管的直径画圆。再同样对直径 50 毫米的圆进行 3 等分，也沿着圆周边画上与吸管直径相同的圆，见图 5-2-1 (b)，全画好后，刻出底座并用砂纸修整。

（3）制作下球体支撑。下球体支撑由三直筒和三斜柱组成，剪出长度为 35 毫米的吸管 3 根作为直筒。再剪出长 45 毫米和 25 毫米的吸管各 3 根拼成"入"字形斜撑。拼合时要尽可能使两根吸管互相吻合，两根吸管的夹角为 40°，见图 5-2-1 (e)。为了安装牢固，可将牙签先插入 KT 板中，如图 5-2-2 所示。再把吸管放上检查，没有问题则可以涂上胶水黏合。待胶水干后，修整 6 根吸管，使它与乒乓球吻合后涂胶黏合。

（4）拼合中球体支撑。中球体支撑由 3 根吸管按"品"字形分布。先按照图 5-2-1 (d) 所示，用卡纸制作安装 2 块卡板，中

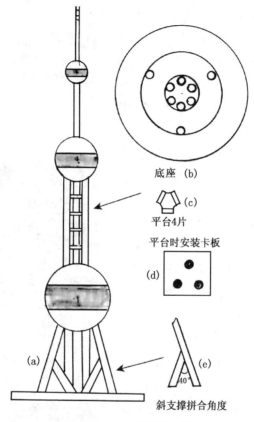

底座（b）

平台4片（c）

平台时安装卡板

（d）

（a）

斜支撑拼合角度（e）

40°

图 5-2-1　东方明珠电视塔模型安装示意图

图 5-2-2　将牙签插入 KT 板

间的 3 个圆孔照吸管的直径刻出。剪长度为 50 毫米的吸管 3 根，插入卡板中。在卡纸上按图 5-2-1 (c) 画出 4 个支撑平台，剪下刻好，均匀地粘在 3 根吸管中间，如图 5-2-3 所示。待胶水干后取下卡板，修整两端的乒乓球和中球体的圆弧线，完成后与中下球体胶合。

图 5-2-3　粘支撑平台

（5）装上球体和天线。与上球体和中球体连接的是一根长 40 毫米的吸管，在上球体和中球体上，取中心点打出与吸管直径相同的孔，插入吸管并胶合牢。再在上球体上插 1 根直径 2 毫米的木质牙签既成。如没有木质牙签，也可在竹牙签上用细铜丝绕上 4～6 圈作为电视的发射天线。图 5-2-4 所示的是完成后的整体东方明珠电视塔模型的图片。

三、现代办公楼

在绿色葱葱的校园的一角，竖立着一幢学校办公楼，四周树木成林，几条幽径通向各幢教学楼、艺术馆和运动场，这是上海某所学校校园的情景。本节介绍制作这幢阶梯形四层现代办公楼的模型。

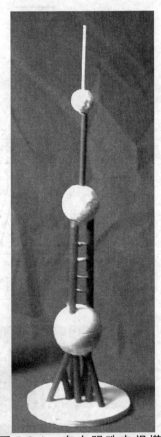

图 5-2-4　东方明珠电视塔模型效果

1. 材料

厚 1 毫米的浅灰色 ABS 塑料板、厚 1 毫米的透明有机玻璃、直径 0.5 毫米铜丝、黑色油漆、焊丝、氯仿、502 胶水。

2. 工具

拉刀、美工刀、剪刀、直尺、电烙铁等。

3. 制作过程

（1）制作内心体。整个模型由两部分组成，内心体和外墙立

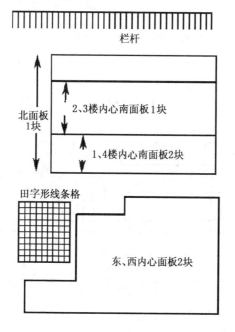

图 5-3-1　现代办公楼图样

面。首先制作模型的内心体，采用透明的有机玻璃材料。图 5-3-1

所示的是 1∶1.5 比例的内心体材料的尺寸图，按图用拉刀割出 7 块立面材料，把各边适当打磨后，用氯仿把它们一一黏合，要注意避免氯仿渗出弄脏表面。顶面的一块按内心体实际的尺寸切割并黏合。

（2）划门窗框格。在内心体的各个门窗部位，用拉刀划出 1 毫米见方的田字形线条格，如图 5-3-1 所示。刻划后，用油漆涂嵌在线缝内，然后用干净的布赶紧把表面上的油漆抹掉，留下清晰的线条。如图 5-3-2 所示，用拉刀在透明的内心体内刻划拉线。

图 5-3-2 制作门窗框格

（3）制作外墙面。按图 5-3-3 所示模型外墙立面材料的尺寸图制作，图样比例为 1∶1.85。实际切割前，最好先测量透明的内心外部实际尺寸，以防制作中的误差。材料采用 ABS 塑料板，

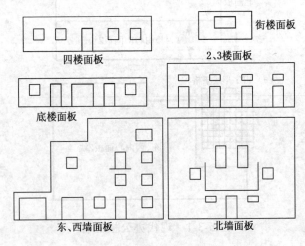

四楼面板

街楼面板

2、3楼面板

底楼面板

东、西墙面板

北墙面板

图 5-3-3 外墙立面

每个门窗都要用美工刀切割出来，注意门窗尺寸和每个直角。

（4）墙面组合。完成上述 7 个各外墙立面后，可以试着把外墙立面组合上透明内心体，如图 5-3-4 所示。要仔细检查各角的拼合情况，如有不妥就适当打磨。检查无误后，用氯仿点滴各角黏合，仍然要注意防止氯仿渗出，不要玷污表面。二层、三层的露天阳台底板和顶面，每一块 ABS 板都必须按实际尺寸切割并黏合。

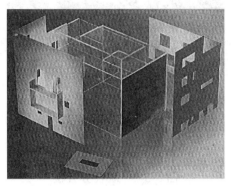

图 5-3-4　外墙立面组合

（5）制作街楼和小阳台。先裁割宽 0.5 厘米的 ABS 板条，其中 2 段长 1 厘米的板条用于东西两侧墙面和三楼小阳台的底板，并直接粘在所在的位置上。长 2.5 厘米和长 1.3 厘米各 2 条，组合成北墙面二楼街楼和三楼阳台，如图 5-3-4 所示，然后在北墙粘上突出的街楼面。

（6）制作阳台栏杆。阳台栏杆是用铜丝制作的。制作前，先用砂纸磨去铜丝表面的漆或污迹，截取长度为 15 厘米的 1 根，然后每间隔 2 毫米焊 1 根长 5 毫米的竖杆，直至 15 厘米长的铜丝全部焊完，如图 5-3-1 所示。最后按照二楼大阳台和两个三楼小阳台的实际尺寸进行弯折并截断，用 502 胶水一一粘在所在的位置上。

如图 5-3-5 所示，办公楼顶面上有 4 个露出的承重体，可以用 8 块长 0.8 厘米、宽 2 厘米的 ABS 板制作，两块叠一起粘成承重体，并粘在所在的位置上。至此，模型制作已完成，你可以相应设计一个模型底盘，把办公楼安置在绿色环抱之中。

图 5-3-5　现代办公楼

四、啤酒桶吧

酒吧是舶来品，在国外就像是中国的茶馆。工余饭后邀上几位亲朋好友到此小聚一番，是休闲的好去处。国外的啤酒厂商为扩大自己品牌的知名度和销路，会在风景旅游点建造啤酒桶形的酒吧，并在门前建造一个很大的平台，供游客坐在平台上一边品酒休闲，一边欣赏美丽的山水风光，见图5-4-1。

1. 材料

直径 30 毫米、长 50 毫米的石膏圆柱体一个，厚 1 毫米的木片，塑料片，卡纸，彩色纸，胶水，砂纸。

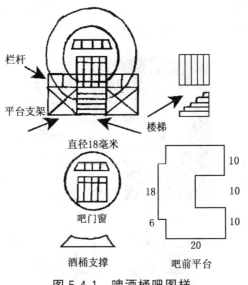

栏杆

平台支架

楼梯

直径18毫米

吧门窗

酒桶支撑

吧前台

10
10
10
18
6
20

图 5-4-1　啤酒桶吧图样

2. 工具

尺、铅笔、圆规、剪刀、美工刀、镊子。

3. 制作过程

（1）制作酒桶。首先用石膏浇筑一个圆柱体（具体制作见本节尾注）。在石膏圆柱体的两端找出中心点，用圆规画直径 20 毫米的圆。然后用刀粗加工，再用砂纸修整成腰鼓形。为保证质量，可制作卡板进行测量，如图 5-4-2 所示。

（2）制作桶口。在制好的腰鼓形石膏体两端再画一个直径 18 毫米的圆，并用刀小心地向里掏进 3 毫米，边缘要保持完整，如图 5-4-3 所示。如不小心造成有些损坏，可用毛笔蘸水后点些石膏粉涂在损坏处，干后再砂磨。

（3）箍酒桶。剪出宽 1 毫米的卡纸条，卷在石膏体的中间和离两端 3 毫米的地方，作为酒桶箍，如图 5-4-4 所示。

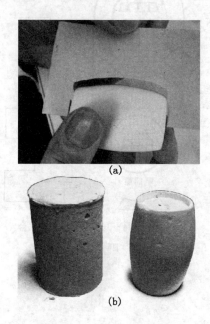

(a)

(b)

图 5-4-2 制作卡板测量

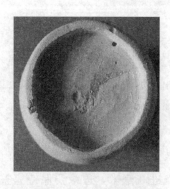

图 5-4-3 桶边缘

图 5-4-4 箍酒桶

（4）制作桶盖。在木片或塑料片上画直径为 18 毫米的圆，刻下或剪下后，按照图 5-4-1 中的吧门窗和图 5-4-5 所示刻出门和窗，完成后在桶盖后面粘上彩色纸，修剪后镶进石膏体的两端。

图 5-4-5　刻出门和窗

另取 2 块塑料片剪出弧形缺口，放在距两端 10 毫米处作酒桶支架，如图 5-4-1 中的酒桶支撑。

（5）做平台。在木片或塑料片上画一个长 30 毫米、宽 20 毫米的长方形，中间挖去一个 10 毫米×10 毫米的方缺口，像一个凹字。作为酒吧前平台，如图 5-4-1 所示。

（6）拼装平台支架、栏杆。先刻出厚 1 毫米的木条或塑料条备用；在平台下粘上 10 毫米长的细条拼成平台支架；再在平台上粘上 5 毫米高的细条作为平台栏杆，如图 5-4-1 所示。

（7）制作楼梯。把木片或塑料片刻成 10 片 10 毫米×10 毫米的方块，胶合成楼梯状，待胶水干后切割成两座楼梯，并装上栏板。分别胶到酒桶的后面和平台前的缺口处，如图 5-4-1 所示。

最后完成的啤酒桶吧模型如图 5-4-6 所示。

石膏体制作法：

前视图

侧视图

俯视图

图 5-4-6　啤酒桶吧

先取卡纸卷出直径 30 毫米、高 50 毫米的圆筒，多做几个备用；接着取一次性杯子放入半杯水，把石膏粉加入水中，等石膏糊呈稠厚状时倒入事先做好的纸筒中，倒满后轻轻敲击纸筒外部，使融在石膏中的气泡逸出。静置半小时后，撕去外面的卡纸筒，放在通风处吹几天，待石膏半干时，就可以加工了。

五、少年宫大楼

上海市少年宫坐落在闹市之中，它是由一幢老楼和新大楼组成的。老楼于 1909 年建造，又称大理石大厦，被定为上海市优秀历史建筑，其原居主人是英国嘉道理伯爵。1953 年宋庆龄在这里创办了少年宫。这幢老楼辉煌无比、细腻华丽，具有近代欧洲建筑艺术的风格。本节介绍制作这幢大理石大厦模型的简化版，以便少年模型爱好者学习制作，少年宫老楼模型实拍如图5-5-1所示。

图 5-5-1　少年宫大楼

1. 材料

厚1毫米和1.5毫米的乳白色有机玻璃，厚1毫米的透明有机玻璃，朱红色喷漆、氯仿。

2. 工具

拉刀、美工刀、直角尺、什锦锉刀。

3. 制作过程

（1）制作大楼主体。

整幢建筑模型是由4个部分组成：大楼主体、主大楼屋顶、东门庭和外长廊。按照步骤，首先制作大楼主体，按照图5-5-2所示，把大楼各个方向的墙立面放样在厚1.5毫米的乳白色有机玻璃上，注意在南、北墙面中，左右墙面应相互对称，即把放样的图左右取反。各个墙面上部有横向线条以及北、西、东墙立面的下部有石块纹,都要用拉刀划画出来。放样后即可切割各墙立面,用钻孔的方法加工各个门窗。锉刀加工门窗的直角应保证90°。在东、西南墙面的大窗有窗框细节,用1毫米宽条子按图制作。

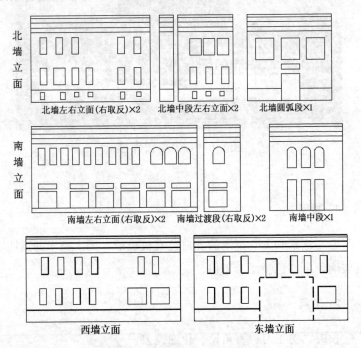

北墙立面

北墙左右立面(右取反)×2　北墙中段左右立面×2　北墙圆弧段×1

南墙立面

南墙左右立面(右取反)×2　南墙过渡段(右取反)×2　南墙中段×1

西墙立面　　　　　　东墙立面

图 5-5-2　少年宫大楼样图

大楼北墙立面中间部分是半圆弧体,先放样切割墙面,然后参照第二章图 2-3-10 的方法拱成圆弧形,圆弧半径为 1.5 厘米,完成后再制作各个门窗,模型如图 5-5-3 所示。

完成各墙面制作后,可以先把南、北各墙面独立拼装黏合,然后再把四大墙面拼装黏合。制作时注意墙面要垂直,相互间成

图 5-5-3 少年宫大楼北墙

直角。门窗背后都粘上透明的有机玻璃。

按图 5-5-4（a）所示制作一块楼顶面，并粘在各个墙面之上，注意各角与墙角对应。在楼顶面上离边 3 毫米处，竖粘一圈 3 毫米宽乳白色有机玻璃条子为屋顶栏墙。

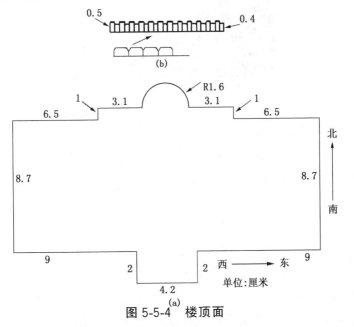

图 5-5-4 楼顶面

将厚 1.5 毫米的有机玻璃裁成 2 毫米宽条子，条子两边用美工刀刮出斜角，如图 5-5-4（b）所示。截取一长（0.5 厘米）一短（0.4 厘米），一块块仿外墙石块将其拼粘起来，需要总长度近 65 厘米。再按照各墙面长度的要求切断，并拼粘在各墙外转角上，一共有 16 根。图 5-5-5 所示的是局部墙外角拼粘后情况。

在北、西、东墙立面下部有石块纹的上面，需要横粘一条宽 2 毫米的有机玻璃条子。图 5-5-5 所示的是模型大楼主体实摄照片。至此，主大楼的制作告一段落。

图 5-5-5　少年宫大楼主体

（2）制作主大楼屋顶。

在大楼顶面的中南部有主大楼斜屋顶，如图 5-5-6 所示的是模型实摄照片。屋顶由 8 块瓦面组成，用 1.5 毫米有机玻璃制作，具体尺寸如图 5-5-7（a）所示。在切割前用如图5-5-7（b）所示，由 45°刀刃的拉刀划画出直线瓦面状，然后切割，各边应适当打磨，再用朱红色喷漆上色。

把各块瓦面按图 5-5-7（c）所示拼粘在屋顶的底板上，底板是一块乳白色有机玻璃。在屋顶上还有两个竖立的通气柱体，它用 3 片厚 1.5 毫米的有机玻璃叠粘而成，具体尺寸如图 5-5-7

图 5-5-6　大楼斜屋顶

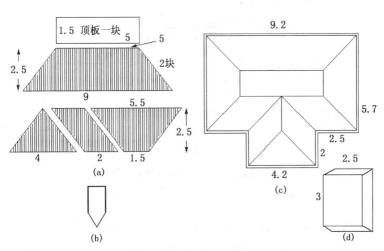

图 5-5-7　大楼屋顶样图

（d）所示，底部应打磨成 45°角，竖粘在图示瓦面所在部位上。

　　裁 3 毫米宽的有机玻璃条子，竖直地粘在屋瓦面底部一圈，再粘在大楼顶面上。

　　（3）制作东门庭。

　　按照图 5-5-8 所示制作东门庭部件尺寸，切割打磨后，即可黏合。

完成后，黏合在主大楼东墙面。

（4）制作外长廊。

外长廊在大楼南面，主要由长廊面和三组台阶组成。首先用乳白色有机玻璃切割外长廊面，具体廊面尺寸如图 5-5-9（a）所示。

用 1 毫米厚有机玻璃制作三个台阶，每个台阶有 5 阶，如图 5-5-9（b）所示，按一定梯度叠粘。

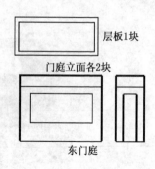

图 5-5-8　东门庭制作

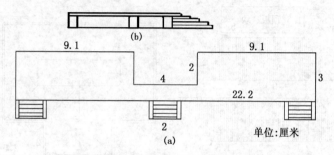

图 5-5-9　制作模型外长廊图样

裁割 5 毫米宽的有机玻璃条子，沿廊面底部竖直粘贴一圈，然后与三个台阶拼粘。完成后拼粘在大楼南墙面下部，在南墙左右墙面接缝处粘一条 3 毫米宽、刻画有石块图案的有机玻璃条子。

（5）模型美化。可以为少年宫老楼模型的外部环境进行美化装置，先制作一个模型底盘，再在底盘上制作草坪、树木、游乐场所，一切可以按照你的想象来设计。然而，要真实地表现上海市少年宫的全貌，那可要到当地去考察一番。

六、斜拉索桥

斜拉索桥是用斜钢缆把桥面吊在桥墩塔上。特点是桥下净空大，用料省，便于使用长臂吊车和顶推法施工，斜拉索桥适用于大跨度桥梁。

1. 材料

饮料吸管（弯头）、KT 板（可用 5 毫米厚的泡沫塑料板代替）、线（黑色）、502 胶。

2. 工具

尺、剪刀、双面胶带（宽 6 毫米）、针。

3. 制作过程

（1）制作桥墩塔。将吸管对插，弯成 V 形，底部开口宽度为 70 毫米。把吸管对插后长出来的那部分剪去。需做 2 个，如图 5-6-1（a）所示。再剪 40 毫米长的 2 根吸管，装到从 V 形尖向下 100 毫米的地方。为了安装牢固，可在 40 毫米的吸管中间

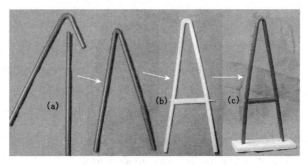

图 5-6-1　制作桥墩塔

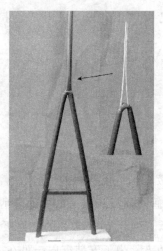

插一根牙签，用502胶黏结后剪去多余的部分。这是安装桥面的横梁，如图5-6-1（b）所示。取2块长100毫米宽20毫米的KT板，把制作好的V形吸管开口向下胶到KT板上，如图5-6-1（c）所示。

剪2根90毫米长吸管，作为拉索架，为安装牢固，可先在V形的顶端插入2根细竹签，再把吸管套上并胶合，如图5-6-2所示。

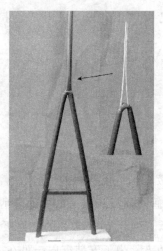

图5-6-2　套上吸管

（2）拼粘桥面。桥面制作每排用3根吸管对插，并行排列了7排吸管拼粘，共用21根吸管。为排列整齐，可先用牙签或大头针插在中间进行加固。同时，用单面胶带来粘接，最后将桥面板放在桌上检查是否平整。

（3）架桥。在排列好的桥面上用尺找出中点，沿中点向两边每隔15毫米画一个点作穿索点。桥面穿索点有8个，在桥墩塔上的拉索架上也同样画出这些点。量出第9个点为桥墩与桥面连接点，用大头针插在所在点固定，并用 502 胶水胶合桥墩与桥面。

（4）拉索。本工序是最后的工作，关系模型的整体美观，要小心操作。把线穿入针后，逐一从每个点穿过。建议穿过点后线不要拉得过紧，待全部穿好后，可以调节线的松紧度。全部穿好后调节松紧，拉好后在每一点上滴上少许 502 胶水，干透后，剪去多余的线头，如图 5-6-3 所示。

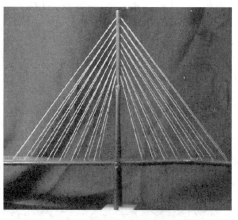

图 5-6-3　斜拉索桥

（5）设计引桥。经过以上工序，桥的主体已完成，如图 5-6-3 所示。但没有引桥还不能称为桥，同学们可根据自己掌握的资料来进行设计，使其成为真正意义上的斜拉索桥。

第六章 全国比赛建筑模型制作介绍

一、北京天安门

天安门原为明、清二代的皇宫正门，始建于明永乐十五年（1417 年），清顺治八年（1615 年）重修，位于北京市中心。在天安门高大的城墙上开有五个拱形门，城上有九开间的重檐歇山城楼，红墙黄瓦巍峨壮丽，前后门各有一对华表。门前有金水河，跨河有五座汉白玉石桥，桥前为天安门广场。天安门城楼壮丽雄伟，它庄严肃穆的图形是我国国徽的主要组成部分。1949 年 10 月 1 日，毛泽东在此宣告中华人民共和国成立。

图 6-1-1 所示的是天安门模型，这是由上海青少年科技教育中心出品，并列为第一届全国青少年建筑模型竞赛项目。这套模型由 4 张 8 开卡纸组成，附图所示的是这套模型卡纸缩影图。

图 6-1-1　北京天安门模型

1. 材料

模型套件卡纸一套、胶水。

2. 工具

剪刀、美工刀、尺。

3. 制作过程

（1）把城台南正立面、北正立面内侧下口与城台平面黏合起来，如图 6-1-2（a）所示。

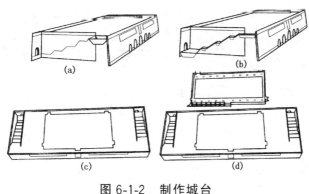

图 6-1-2　制作城台

（2）在城台平面左右内侧面安装马道内的平面和马道踏步，如图 6-1-2（b）所示。

（3）安装城台东西侧立面和马道内立面栏杆，如图 6-1-2（c）所示。

（4）把城楼台基安装在城台平面相应位置上，并将城楼台基的栏杆围上，如图 6-1-2（d）所示。

（5）把城楼东、南、西、北立面胶合并围成框后，黏合在城楼台基上，如图 6-1-3（a）所示。

（6）把廊柱黏合在城楼台基相应的位置上，并把廊柱立面黏合固定，如图 6-1-3（b）所示。

（7）先把城楼一层屋面黏合成型后，再将城楼两层东、南、西、北立面围框后黏合在城楼二层平面上。如图 6-1-3（c）所示。

（8）把城楼二层屋面制作，黏合成型后，配上城楼屋脊，胶合在城楼两层立面上。同时安装城楼上建筑辅楼和红旗、国徽等，如图 6-1-3（d）所示。

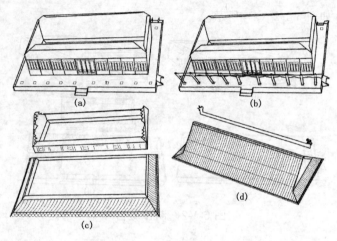

图 6-1-3　制作城楼

（9）把马道左右外平面黏合到底板相应位置上，并围上马道外立面，如图 6-1-4（a）所示。

（10）安装金水桥，可以把桥面加工成弧形，使两边形成坡度，配上金水桥立面，黏合在底板相应的位置上，如图 6-1-4（b）所示。

（11）制作华表。先制底座，黏合到底板上，再将华表柱制作好并装上，如图 6-1-4（c）所示。

（12）总装示意图，如图 6-1-4（d）所示。

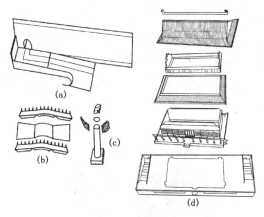

图 6-1-4　总装示意图

二、中共一大会址模型

中国共产党第一次全国代表大会（简称中共一大）会址是一栋典型的石库门建筑。石库门住宅脱胎于中国传统的四合院。19世纪后期，在上海出现用传统木结构加砖墙承重建造起来的住宅。由于这类民居的大门选用石料作门框，故称"石库门"。

石库门的建筑定式是二层砖木结构，前后"人"字双坡顶正屋，连接平顶后屋。前立高围墙与"石库门"。门内小院称天井。正屋较高敞，下为客堂，上为二楼；后屋稍低矮，下为厨房，上为亭子间，其平顶则作晒台。

石库门建筑盛行于20世纪20年代，多为砖木结构的二层楼房，坡形屋顶，青砖外墙，弄口有中国传统式牌楼。大门采用两扇实心黑漆木门，以木轴开转，常配有门环，进出发出的撞击声在石库门弄堂中回响。门楣做成传统的砖雕青瓦顶门头，外墙细部采用西洋建筑的雕花刻图。总体布局采用欧洲联排式风格。

石库门建筑造就了"海派文化"。亭子间、客堂间、厢房、天井等与石库门有关的名词至今尚在使用。

图 6-2-1 所示的是中共一大会址模型实摄照片，这是由上海青少年科技教育中心出品，并被列为第三届全国青少年建筑模型竞赛项目。这套模型有 6 张 16 开卡纸组成，这套模型卡纸缩影图见图 6-2-2、图 6-2-3。

图 6-2-1　中共一大会址模型实摄

1. 材料

模型套件卡纸一套、胶水。

2. 工具

剪刀、美工刀、尺、镊子、牙签。

3. 制作过程

（1）剪下 5 个门楣对应地黏合在南立面相应的位置上，再将 4 个烟囱剪下，粘在北立面相应的位置上，如图 6-2-4 所示。

（2）剪下北立面黏合在底板上的 1 号位置，再将西立面粘在 2 号位上并与北立面连接，如图 6-2-5（a）所示。

（3）用同样方法依次将东、南立面分别黏合到底板的 3、4

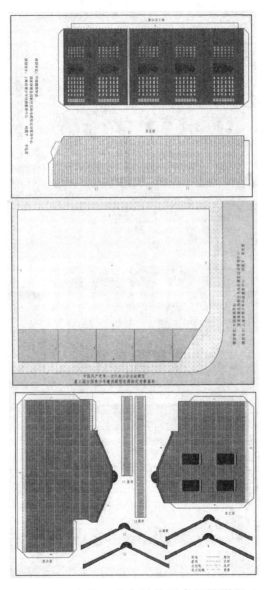

图 6-2-2　中共一大会址模型卡纸缩影图 1

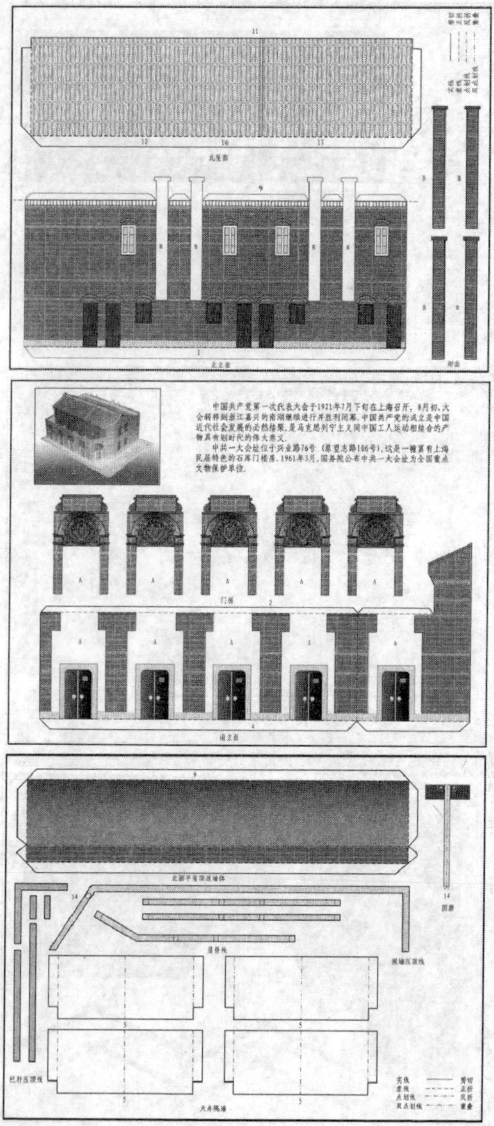

图 6-2-3　中共一大会址模型卡纸缩影图 2

号位置，并相互连接，如图 6-2-5（b）所示。

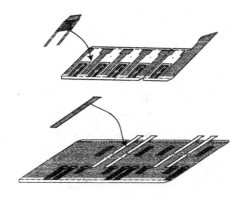

图 6-2-4　门楣和烟囱

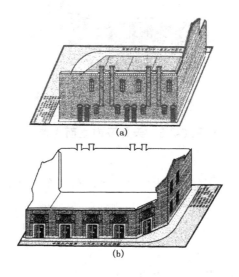

(a)

(b)

图 6-2-5　各外立面

（4）剪下天井，隔墙重叠黏合，依次黏结到底板的 5 号位置，如图 6-2-6（a）所示。

（5）将南立面内墙剪下后，黏合在底板的 6 号位置，并与东、西立面，天井隔墙连接。如图 6-2-6（b）所示。

青少年建筑模型制作

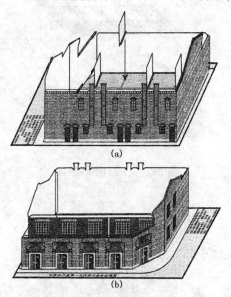

（a）

（b）

图 6-2-6　天井及南立面内墙

（6）剪下 7 号、8 号山墙脊，分别粘到东西立面的内边，如图 6-2-7（a）所示。将北面平屋顶连墙体反折后，黏合在北立面内墙体上，使墙体与山墙脊留一个卡纸缝，要使平屋顶保持水平，如图 6-2-7（b）所示。

（7）南屋面与北屋面相连接，黏合在山墙脊下沿。剪下 2 个 11 号山墙脊对称黏合，再黏到屋顶白线上，如图 6-2-8 所示。

（8）12、13 号屋脊揭去灰底部分，把正面中间灰色部分卷成弧形黏合在屋顶中轴线上。

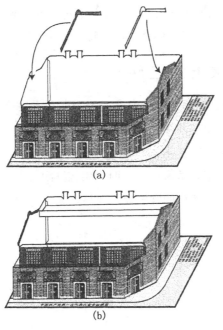

(a)

(b)

图 6-2-7 山墙脊与平屋顶

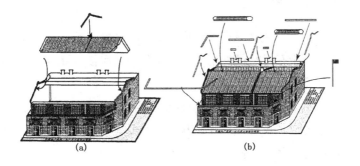

(a)   (b)

图 6-2-8 屋顶面

（9）用同样方法揭去屋脊线灰底部分，黏合在屋脊立面上。

（10）把围墙压顶线、栏杆压顶线分别黏合到南北立面上。

（11）最后把国旗重叠黏合后胶到南立面的围墙压顶线上。

三、莱茵河之畔

"莱茵河之畔"建筑模型是西西利商贸有限公司生产的"美好家园"塑料拼装欧洲建筑模型系列中的一种，是第三届全国青少年建筑模型竞赛指定器材。欧洲民间传统建筑，以其斜屋顶，方烟囱，石地基，木窗框及鲜明的颜色搭配与周围环境和谐地融在一起，体现出典型的欧洲建筑风格，显示了设计者的匠心。

1. 材料

"莱茵河之畔"建筑模型一套。

2. 工具

小刀、剪刀、细砂纸或细齿什锦锉、镊子。

3. 制作过程

本模型由 7 块塑料模板组成，每个零件的编号在塑料部件边上的小方块上显示。模型附有一个制作场景底板的材料供同学们选用，如图 6-3-1 所示。

（1）拼墙立面。制作本模型时要注意，配套材料塑料颜色与包装盒上的颜色不符，最好在制作前按包装盒上的色彩先进行涂色。待涂色干透后，再进行加工拼装。

本过程中最重要的一点是：在粘贴板上的透明塑料时，胶水要涂得恰到好处，宜少不宜多，以能粘牢为准。窗明几净的环境人人喜欢，不要把窗户变得"蓬头垢面"。模型的零件都比较小，建议制作时用镊子夹持零件，进行装配。

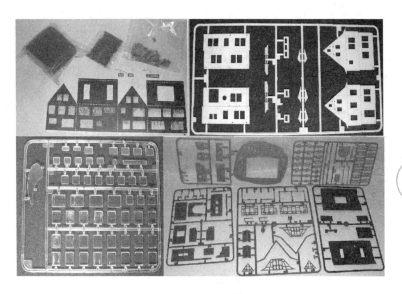

图 6-3-1　场景底板

　　西墙面、东墙面制作如图 6-3-2（a）所示。南墙面、北墙面拼装如图 6-3-2（b）所示。

　　（2）黏合墙体。将四面墙体粘到底板上，注意各面互相垂直，墙体拼合处无缝隙，如图 6-3-3 所示。

　　（3）拼装屋顶和门厅。取模型屋顶装在墙体上，注意高低一致，如图 6-3-4 所示。再按图 6-3-5 把门厅和西门雨檐装上。

　　（4）拼装屋顶附件和美化作品。按照图 6-3-7 所示，把老虎窗、烟囱、屋檐护板、雨水槽、下水管、通气管逐一安装到位，最终效果见图 6-3-6。最后用配套材料中配有的美化材料，试着制作小树和草坪，给模型增添一点绿色。

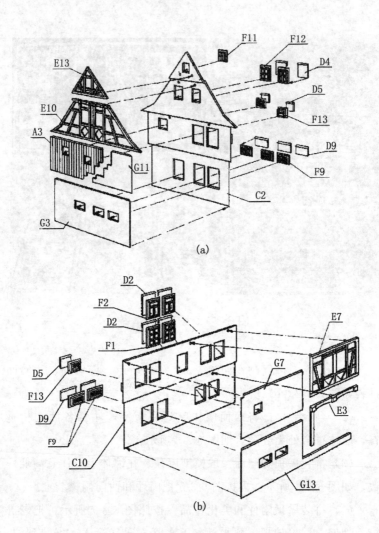

(a)

(b)

图 6-3-2 拼装南、北墙面

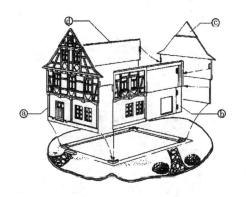

图 6-3-3　黏合墙体

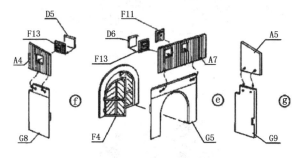

图 6-3-4　拼装屋顶和门厅

四、国家游泳中心

国家游泳中心的外形像一方水，又称水立方，造价约 1 亿美元，总建筑面积约 8 万平方米。它于 2003 年开工建造，在 2008 年奥运会中承担游泳、跳水、花样游泳、水球等比赛项目，座位有 17000 个，是具有国际先进水平的集游泳、运动、健身、休闲于一体的中心，成为奥运会留给北京的宝贵遗产和北京城市建设的新景观。

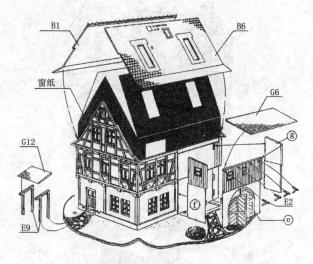

图 6-3-5　黏合门厅

图 6-3-6　"莱茵河之畔"模型效果图

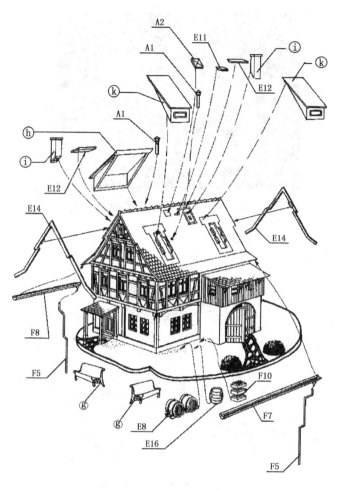

图 6-3-7 拼装屋顶附件和美化

图 6-4-1 为国家游泳中心的模拟效果图。整套模型材料采用塑料构成，是第六届全国青少年建筑模型竞赛选用的模型，图 6-4-2 为模型材料的缩影图。

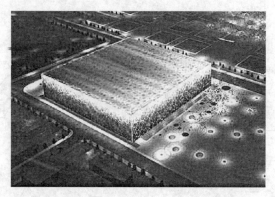

图 6-4-1 国家游泳中心模型效果图

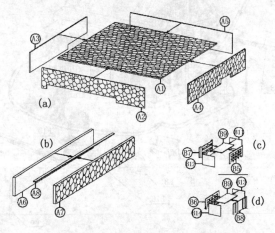

图 6-4-2 模型材料缩影图

1. 材料

整套国家游泳中心模型材料、胶水（配套材料内附 1 支）。

2. 工具

剪刀、手工刀、细砂纸或小锉刀、镊子、牙签。

3. 制作过程

（1）拼粘外罩。对照图 6-4-3 把 A 板上需要用的零件取下并抛光剪切口后拼合。本外罩是透明物体，粘时最好用氯仿（三氯甲烷）作黏合剂，如图 6-4-2（a）所示。

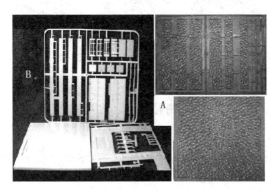

图 6-4-3 模型材料原装

（2）拼粘隔墙。取下 A 板上的 6、7、8 号零件，取时要小心（A 板是透明塑料），不要留下白斑。拼时涂胶要注意，用牙签蘸胶涂抹，宜少不宜多，以能粘牢为准，如图 6-4-2（b）所示。

（3）拼粘内部房。按照图 6-4-2 的（c）、（d）所示，取下 B 板上所需的零件，并照图拼装黏合。

（4）拼粘看台。看台由 B 板上的 16、17 号组成，取下后，修去毛边涂胶黏合，如图 6-4-4 所示。

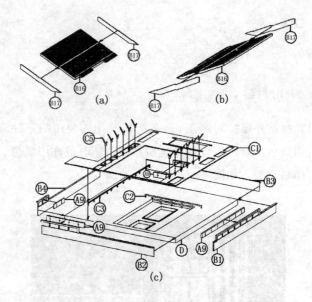

图 6-4-4　拼粘看台、底板等部件

（5）拼粘底板。如图 6-4-4 所示，取下图中板上所需用的各个零件，逐一黏合到位。

（6）拼粘场馆内部。如图 6-4-5（a）、（b）所示。把先前拼好的部件粘到如图所示的位置上。

（7）总拼装。在总拼装前，要仔细检查先前制作的部件黏结是否牢固，有否移位变形。确认无误后按图 6-4-5（c）所示，把外罩套上后黏合。

五、亲亲家园

"亲亲家园"塑料拼装建筑模型是浙江创艺模型社设计制造的系列产品，是第六届全国青少年建筑模型竞赛选用的模型。

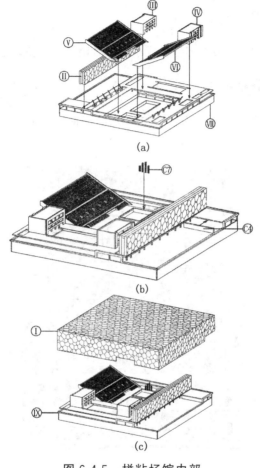

图 6-4-5　拼粘场馆内部

1. 材料

"亲亲家园"塑料拼装建筑模型一套、胶水（配套材料内附
1支）。

2. 工具

剪刀、手工刀、细砂纸或小锉刀、镊子、牙签。

3. 制作过程

（1）拼装门窗。将图 6-5-1 所示的门窗零件取下，用小刀或细砂纸修去零件上的毛刺。

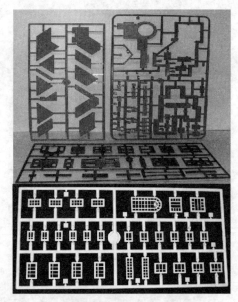

图 6-5-1　编号零件

如图 6-5-2 所示，把和窗门有关的零件涂胶黏合到对应的墙立面上。为防止胶水溢出得太多，影响模型的整体美观，建议用牙签挑取胶水涂在门窗的 4 个角上。涂胶时，最好用镊子夹住零件，防止手上的脏物留在零件上。然后置入墙立面的方框中。装配时要兼顾到门窗各框线的平行和垂直，不要让某一扇门窗的错

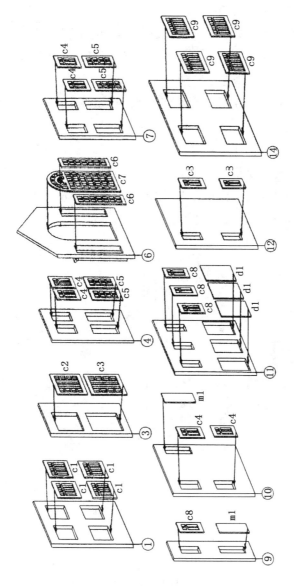

图 6-5-2　窗门有关零件黏合

误影响整个模型的美观。

配套材料内有一片透明的塑料片，作为窗户的玻璃。使用时要先排列一下再裁剪，塑料片要比窗大 1 毫米，为防胶水影响美观，建议用双面胶带来粘塑料片。

（2）拼合墙立面。具体的黏结位置如图 6-5-3 所示，在黏合之前，要先试着拼装一遍，模型的各墙立面相交处均是直角，模型材料的边角为 45°角，但由于塑料热胀冷缩的效应，可能会发生一些变化。试拼装中可检查角度是否正确，缝隙是否严密，发现问题应及时打磨修正，直至确认每一块墙面没有问题后再进行黏合。黏合应在底板上进行。

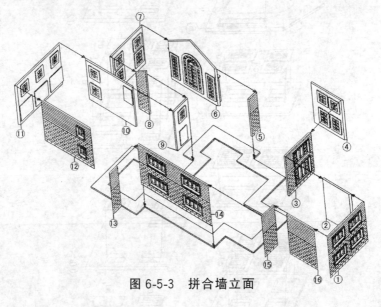

图 6-5-3　拼合墙立面

（3）拼装屋顶。屋顶由 12 块板组成，黏结在屋顶的基板上，如图 6-5-4 所示。拼接时，要仔细对照图纸，看清各板块背面的编号，最好在试拼装后，再涂胶黏合。

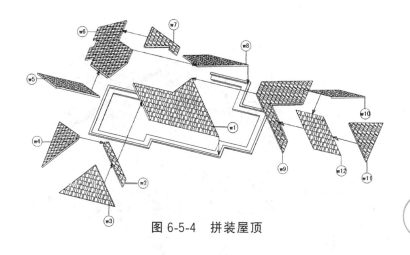

图 6-5-4　拼装屋顶

（4）拼合外部附件。本模型的外部附件较多，有屋檐、台阶、外平台、烟囱、栏杆、阳台等。制作时应掌握一点：先试着拼装，检查无问题后再涂胶黏合。具体安装详见图6-5-5和图6-5-6所示。

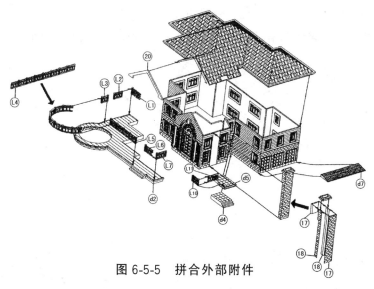

图 6-5-5　拼合外部附件

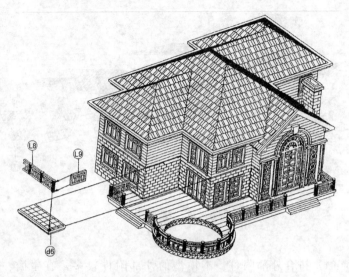

图 6-5-6 亲亲家园

（5）美化问题。厂家生产的模型材料已考虑到色彩问题，但制作完成后，千人一面，就没有个性了。为了美化自己的模型，建议制作者收集有关资料，设法将自己的模型做得与众不同。

第七章　建筑模型的配景制作

　　建筑模型的配景制作，又称环境装饰制作，是指主建筑物模型完成制作之后，接着进行的建筑物周围的地形、道路、绿地、湖泊河流以及交通工具等设施的配景制作。建筑模型的配景制作与装饰，是建筑模型制作中不可缺少的组成部分，它起着烘托建筑物风貌，并与周围环境保持协调和完整统一形象的作用。离开了配景制作的建筑模型，是单调、无生气、不完整的。因此，在现代建筑模型制作中，环境装饰配景制作也是整体模型不可忽视的重要部分。

一、地形的制作

　　建筑物总是处在相应的地形上。一个建筑模型整体给人的感觉，不管是表现模型还是展示模型，首先观察到的是描绘现存的地形概貌。城市空间虽然基本处于平面的地形，但这个平地由于有绿地、水池、广场甚至坡地，总体来讲高低也是参差不齐的。建筑物本身基点也不是与外部平面等高，它除了高层楼房外，还含有下沉式广场、地下车库等。建筑模型的配景制作，要反映出道路、水面、绿地的凹凸不平。例如：地面衬垫、街道铺砌、高架道路的设置等。地形的制作是整体配景制作的开始。

　　地形可直接在建筑模型的底盘（模型底板）上制作。所使用的表现方法首先是取决于模型的比例和地形平面的分布，其次是材料选择和分层制作方法，第三是不规则坡地制作方法。

　　（1）建筑模型的展面的大小，是根据展示方提出的要求来定。具体形状一般为长方形和正方形，面积小的仅零点几个平方米，大的为几十个平方米。要取得地形和建筑物的平面分布情况，较简单的方法是用城市地图来确定。各城市都有交通地图，将制作的建筑模型所处的位置，在城市地图中圈画出来，利用复印机按计算比例对局部进行较精确放大，从而取得地形和建筑物的平面分布情况。接下去，把分布图复制在模型底板上。当然，你也可以从网络地图上截取所要的地形图。

完成了主建筑模型，基本确定了模型的比例关系，地形和建筑物的平面分布比例范围也相应确定了，然后考虑地形凹凸的表现。当制作高于1∶500比例的城市建筑模型，较难用材料厚度来表现地形凹凸的差异，此时可以采用不同色块的变化来代替地形凹凸的差异。当然，此类模型地形中有明显凹凸的表现时，也要在制作中体现出来。

（2）建筑模型的地形制作，首先要取一个基准平面，一般取最低平面，如水面、地沉广场面。这最低平面几乎就是建筑模型的底盘平面。如果没有如水面、地沉广场这类物体，则一般取道路为最低平面。然后，在这基准面上根据要求逐步分层而上，如图7-1-1所示。我们要制作分层建筑的地形，必须符合地形差异比例，比如，从道路拾阶而上到主建筑低层，地形的差异是5米，假定此建筑模型的比例是1∶100，则需要叠高5厘米厚的材料才行。一块材料制作不现实，则采取分层制作方法，如图7-1-2所示。图中4种结构方法，目的就是为了使模型结构更牢靠，同时减少模型整体质量和材料用量。

制作地形平面材料的选择，有木片、层压板和有机玻璃等，这些材料的特点是：平整并有一定的硬度，加工也容易，分层中的空隙可用泡沫塑料等来填充。

（3）不规则的坡地在公园绿地、丘陵山地等自然景观的展示类建筑模型时经常出现，城市建筑模型较少使用。制作不规则坡

图 7-1-1　分层而上

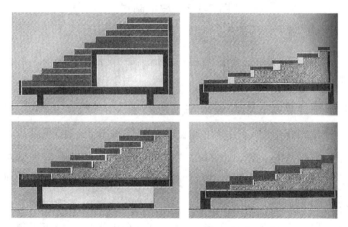

图 7-1-2　分层制作方法

地要有三个步骤：

　　①在制作模型底部上，划画出不规则坡地的地域位置和图形大小，用草图设计好坡地起伏的基本形状。

　　②制作坡地有两种方法：一种方法是用聚苯乙烯泡沫块材料，用钢锯条锯出不规则坡地的形状，然后，在其表面上用白乳

胶调和石膏粉抹上一层；另一种方法是用不同长短的铁钉按范围钉在底板上，在其上结扎了一层金属丝网，在网上铺粘多层废报纸，再涂上白乳胶和石膏粉调和物，如图7-1-3所示。前一种方法适用在坡地面积不大，但坡地起伏较大的场合；后一种方法则用在坡地面积较大，但坡地起伏不大的情况。

图 7-1-3　坡地制作

③当白乳胶和石膏粉调和物干燥后，用木锉在表面上轻微磨锉，使其表面粗糙，有仿真的表现。坡地的上色常用自喷漆、绿地粉、细沙粉等。根据坡地基本色彩来决定材料，绿色用绿地粉，黄色则用细沙。用绿色或土黄色自喷漆做底层喷色处理。底层绿色自喷漆最好选用深绿色或橄榄绿色。喷色时，要注意均匀度。第一遍漆喷完后，应及时对造型部分的明显裂痕和不足进行再次修整，修整后再进行喷漆。待喷漆完全覆盖基础材料后，将底盘放置于通风处进行干燥，待底漆完全干燥后，便可进行表层制作。表层制作的方法是：先将白乳胶用板刷均匀涂抹在喷漆层上，然后将调制好的绿地粉或细沙粉均匀撒在上面。在铺撒绿地粉或细沙粉时，可以根据坡地高低及朝向做些色彩的变化。在铺撒完粉后，可进行轻轻地挤压；然后，将其放置在一边干燥。干燥后，将多余的粉末消除，对缺陷处再稍加修整，即可完成坡地的制作。

二、道路的制作

在建筑模型配景制作中，道路起到将建筑物与环境装饰的位置、大小、方向进行比照的作用。当地形确定之后，就要先安排道路的分布和制作。把已制作好的建筑物和绿化、水面、桥梁等物体的模型安置在模型底盘上时，都须依据确定的道路来决定各自的位置。根据模型设计比例，将建筑物的地形平面图进行放样，在底盘上划画出道路后，将人行道、建筑物、绿化等确定在各自的位置上。如果道路是地形的最低平面，则底盘表面一层就是道路，可以在底盘材料上直接加工处理，如图 7-2-1 所示。完成后，喷涂上道路颜色（灰白色或特定设计的颜色）。

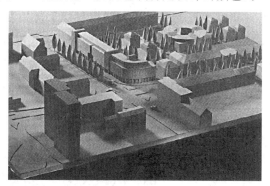

图 7-2-1　模型中的道路

按道路分类，有大街（主道），也有人行道、街巷小道等，下面分别介绍几种道路的制作方法。

1. 人行道

在城市建筑模型中的人行道主要显示模型的真实感和层次感。在模型比例为 1∶1000 的情况下，人行道可省去，一般可用画线和涂上与大街颜色有些区别的颜色；在 1：200 至 1：500 的模型中，最好能反映人行道与马路之间的不同，可用 0.1～1 毫米的卡纸或 ABS 塑料片来制作。其厚度可参照模型比例近似尺寸，宽度可参照实际比例裁剪，比例再大的模型可用有机玻璃或三夹板涂色来制作。

（1）一边有草坪的人行道。制作一边有草坪绿化的人行道时，可在有草坪的一边贴一条比人行道厚度略高的细条作矮护墙；也可将人行道黏合在底盘上，再贴颜色不同的细条，有时可用 ABS 塑料板裁成一根细条，不涂色，用 502 胶粘贴在人行道与绿化带之间，作一条整齐的白色矮护墙，效果也很好，如图7-2-2 所示。

（2）与建筑物相连的人行道。制作与建筑物相连的人行道时，可用一块适当厚度的板材，把建筑物和周边人行道一起剪裁出来，如同一个小区的底盘，建筑物坐落在小区的底盘上，周边就形成了与自然吻合的人行道了，如图 7-2-3 所示。

 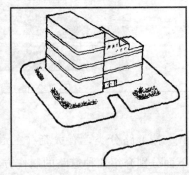

图 7-2-2　一边有草坪的人行道　图 7-2-3　与建筑物相连的人行道

（3）有绿化隔离墙的人行道。有绿化隔离墙的人行道是指马路中间有绿化隔离墙的人行道。

①用制作人行道的材料剪裁成长条，涂色后贴上绿化。

②在长条中间做的栏杆也可布置绿化，插上树作为装饰，如图 7-2-4 所示。

图 7-2-4　有绿化隔离带的人行道

2. 街巷小路

街巷小路的特点是路两边以建筑物为主。小路可用遮挡法喷涂褐色或自选色，中间最好含有各种条纹，以示小路的质地。可用卡纸或 ABS 塑料板等薄片，按小路边建筑物的特点，剪裁成各种形状的小条，粘在路两边形成边框作路沿。这些小条的颜色，应该比小路的颜色淡一点，这样能使路面更有层次感。

3. 车道与车道线

大街中的车道有快车道、横行道等，这些线按照交通法规，要用白色或黄色实线或虚线来体现。因此，制作模型的车道线，要按比例将白色或黄色的粘贴纸裁成细条，撕去背面的衬底纸，拉直，将有黏胶的一面贴在大街车道线位置上即可。如是虚线的车道线，可用手术刀按距离切割，撕去隔条的粘贴纸就成。过街的横道线也是如此制作。

三、绿化的制作

在现代建筑模型的制作中，除了主建筑物、道路外，大部分面积属于绿化的范围。绿化是必不可少的。随着居住条件的改善，人们对工作、生活的绿化环境越来越关心，这反映了社会的进步与文明。绿化在模型制作中有多种作用：环境绿化烘托了建筑物主体；绿化可以对建筑物的大小、高低、色彩对比起协调的作用，同时可以提高模型总体的层次和观赏效果，反映了建筑物的设计思想。绿化形式包含了草坪、树木、花坛和树篱等。一般的建筑模型只需绿化环境，即：有树、草坪基本就能满足模型制作的要求了。

1. 草坪的制作

草坪在建筑模型中占有的绿化面积最大，一些建筑物竖立在草坪中间，如宾馆别墅休闲小屋等。模型中的草坪是用大片平整而有绿色细粒状物体的材料制成的。可以购买成品或自己找材料来制作。

现成材料有绿色植绒纸、专门供模型制作的草坪粘贴纸。首先可按平面图中标出的草坪大小、形状将材料剪裁后，再在材料的反面用喷胶均匀喷上胶水（也可涂刷胶水），贴在所在位置上，然后用抹布轻轻地抹平。注意不要让胶水玷污贴纸表面。

此外，也可自己加工人造海绵细粒来做人工草坪，比较经济而且效果十分理想。首先把人造海绵打碎成细粒，然后把它们染上绿色，并把它们晾干。再在模型所安排的草坪位置上刷草绿油漆，待油漆稍干，撒上一层草绿色的海绵细粒，过一天后，用吸尘器吸去浮在上面未粘住的颗粒即可。也可在低号木砂纸上涂绿色，待干后按草坪大小剪下，并涂胶水贴在所在草坪位置上即可。

2. 树木的制作

建筑模型绿化中树木种类很多，通常以植物的特性来反映建筑物所表达的内容。例如，热带风格的建筑须制作一些热带植物，像椰树等；江南风格的建筑，须配制江南一带生长植物，如柳树等；北方风格的建筑，可配制如松树、桦树一类的植物。对于特定建筑模型须要制作的绿化树木，要在具体的制作中不断积累经验，应用新材料，创造新方法。

建筑模型中树木的形状，基本归纳为球形、锥形、圆柱形、条形和伞形，如灌木丛是条形，松树是锥形等。制作树木的材料可以完全利用天然和人造产品来代替，如球形树（比例为 1：1000～1：100），我们可用豌豆、木珠、纸球和钢丝绒等物品来制作有树干或没树干的树木。这些天然的参考制作物品有：松树的豆粒、松果、小树枝、干枯的花、干地衣、丝瓜筋等，如图7-3-1 所示。用人造产品制作模型树木的材料有：大头针、图钉、木珠、金属丝布、纸球、海绵和钢丝绒等，如图 7-3-2 所示。

图 7-3-1　模型树木天然的制作物品

图 7-3-2　模型树木人造的制作物品

这里具体介绍几种制作方法。

（1）球形、圆锥体树丛及灌木丛带。制作球形、圆锥体树丛及灌木丛带，可以使用上述介绍的天然和人造的物品，较常用且容易制作的材料是人造海绵（又称聚氨酯〈PU〉塑料或叫泡沫塑料），其外观像海绵，松软多孔且富有弹性。要选择孔大些的泡沫塑料作材料，孔小的制作成品后效果要差一些。制作过程是，先用美工刀将人造海绵切成方形或长方形，然后用剪刀将方形剪修成圆球形，长方形剪成圆锥形，长方条可作植物隔离带。接着将修剪好的人造海绵浸泡在稀薄的草绿色硝基漆或颜料中，染色均匀后，挤去人造海绵中多余的颜料，晾干即可。如图 7-3-3 所示，在圆锥体中插上一根大头针或铁丝作树干，就成了一棵柏树。

（2）树干的制作。小型树木的树干可以用大头针、牙签等材料来制作；较大型树木树干的制作材料可选用现成的小树枝，也可根据模型比例来选择不同粗细、长短的铜丝或铁丝。用 8～12 根的铜丝，下段用纱线扎紧，上部逐步分股绞合形成树干，或从粗到细的树枝和分枝。铜丝、铁丝可塑性大，可根据树木自然交

球形体植物　　　圆锥体植物　　　植物隔离带

图 7-3-3　用人造海绵制作植物

叉的形状塑造。然后用细条的绉纸，从树干下段向上缠绕到树枝，两端可用胶水将绉纸贴牢。包好后再进行长短交叉的修整，涂上与树干相近的暗色调油漆，如图 7-3-4 所示。

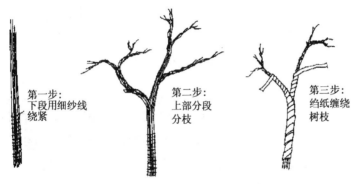

第一步：
下段用细纱线
绕紧

第二步：
上部分段
分枝

第三步：
绉纸缠绕
树枝

图 7-3-4　树干的制作

（3）树叶的制作。有了树干，再配上树叶就可构成完整的树木，用人造海绵来制作容易而简便，制作过程如下：

①在中黄硝基漆中加一点普蓝和一点黑色硝基漆调成稀薄的草绿色。

②将人造海绵剪成小块，浸泡在调好的硝基漆中，带上橡胶手套揿捏人造海绵块，使硝基漆均匀地渗透到人造海绵的内部。然后将海绵中多余的漆挤出、晾干。海绵吸水力强，不易干，所

第七章　建筑模型的配景制作

以一定要用硝基漆这类快干漆。

③用食品粉碎机将已干透的人造海绵打碎。注意，做树叶的海绵不可打得太细。打碎后，可用筛子筛出粗的碎海绵，细的海绵粒可做草坪材料。

④将打碎后的海绵用调好的草绿色漆淋湿，再团合在一起。干后呈松软的团状，用手撕成片状，用白胶或502快干胶粘在树枝上，一棵栩栩如生的树就做成了，如图7-3-5所示。

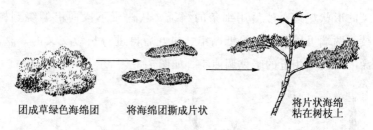

团成草绿色海绵团　　将海绵团撕成片状　　将片状海绵粘在树枝上

图 7-3-5　树叶的制作

⑤团合后的人造海绵团状物，撕成片状或小团状后可作灌木丛或花草，布置在建筑物模型的阳台等绿化部位。还可用红、黄等小色块点缀在花丛海绵上，形成鲜花盛开的视觉效果。

（4）柳树、椰树、松树的制作。

①柳树。柳树树干和树枝的制作方法同前。柳条用细铜丝或细铁丝涂上草绿色漆后，涂一层薄薄的白胶，再粘上打碎的人造海绵粒。待干后，用502胶黏合在树枝上即成。

②椰树。将绢或纸染成草绿色，待干后对折剪成羽毛状；然后展平，中间粘一根细铜丝（也涂上草绿色）作为椰树的叶与叶柄，也可涂一些蜡增加光泽。取一段塑料电线或细竹丝、圆木条，用布条或绉纸条从下向上缠绕，使其下部粗一些做成椰树干。将做好的椰树叶片柄部，分几层包扎在树顶部并黏合。最后

将树干涂成棕褐色后，把椰树叶弯成如图 7-3-6 所示的形状。可以用 502 胶粘贴几颗小黄豆作椰子。

将圆木条包扎成树干,同时将叶片包扎在一起

将叶片向下弯成弧形,粘上几粒棕色玻璃珠或黄豆当作椰子

图 7-3-6　椰树的制作

③松树。松树树干的制作方法与前面树干的制作方法相同。但在包扎铜丝、铁丝时，绉纸不可太规则，树干弯曲形状可大一点，形态要苍劲有力。在粘贴树叶（人造海绵或加工好的材料）时，层次要分明。

东北的雪松树干挺拔，有宝塔形的分枝。在制作时，要根据树型大小适当增加铜铁丝的根数。树叶可用加工好的人造海绵，撕成片状黏合，如图 7-3-7 所示。

（4）树篱和树池花坛制作。树篱是由多棵树木排列组成，通过修剪而成的绿化形式。在表现绿化形式时，如果模型的比例较小，我们可以直接用染过的泡沫海绵或百洁布，按照树篱的形状进行剪贴即可。如果模型比例较大时，在制作中就要考虑它的造型和色彩。

雪松　　　　　　　　松树

图 7-3-7　模型松树的制作

其具体制作过程是，首先制作一个骨架，其长度和宽度略小于树篱的实际尺寸。然后将渲染过的细孔泡沫塑料粉碎。粉碎时，颗粒的大小要随模型尺度变化。待粉碎加工完毕后，在事先制好的骨架上涂满胶液，把海绵粉末在架上进行堆积。堆积时，要特别注意它的厚度。若一次达不到效果，则按刚才过程再来一次。

制作树池和花坛的基本材料，一般选用绿地粉和人造泡沫海绵。若选用绿地粉制作，可先用乳胶或胶水在树池或花坛底部位置涂抹，然后撒上绿地粉，用手轻轻按压。按压后，再把多余部分处理掉。这便完成了树池和花坛的制作。最后加上少量的红黄粉末，使色彩感觉更接近实际效果。

如选用大孔泡沫海绵时，可先将染色的泡沫海绵块粉碎，然后蘸胶进行堆积，即可形成树池或花池。在色彩表现时，一般有两种表现形式：一是以多种色彩无规律堆积而形成；二是色彩表现自然变化，即从黄色逐渐变换成绿色，或由黄色到红色等逐渐过渡而形成的表现方法。另外，在处理边界线时，与利用绿地粉处理截然不同。用大孔泡沫海绵材料进行堆积时，外边界线要自然地处理成参差不齐的感觉，这样处理的效果更自然、别致。

四、水面和石块制作

水面是各类建筑模型中，特别是园林模型环境中经常出现的配景之一。水面的表现方式和方法，应该随建筑模型的比例及风格的变化而变化。

在制作比例较小的水面时，可将水面与路面的高度差异忽略不计，如比例为1∶1000，可直接用蓝色即时贴按其形状进行剪裁。剪裁后，直接粘在水面的部位上即可。另外，还可以利用遮挡着色法进行处理。其做法是，先处理好水面的颜色，再将遮挡膜贴在水面位置，然后沿水岸线刻划。刻好后，用蓝色自喷漆进行喷色。待漆干燥后，将遮挡膜揭去即可形成水面。

在制作比例较大的水面时，首先要考虑如何将水面与路面的高度差异表现出来。一般采用的方法是，先将底盘上水面部分进行镂空处理（底盘面抬高，水面下凹），然后在下凹的水面进行喷色处理，再将透明有机玻璃或特有纹理的透明塑料板，按设计的高度差异贴在镂空处。也可以用蓝色自喷漆喷涂在透明板反面，再将干了漆的有机玻璃或透明板安置在水面的位置上。用这种方法表现水面透明亮丽，一方面可以将水面与岸边的高低差异表现出来，另一方面透明板在光线的照射和底层蓝色漆面的反衬下，具有仿真效果，岸边的物体在水面中的倒影历历再现。如图7-4-1所示。

过去，建筑模型常用石膏来制作山坡、山石等，制作费时又易脏，还会使模型质量增加。现在大都用聚苯乙烯泡沫塑料来制作。泡沫塑料质地松软，易于加工成形，取材方便，不但制作的山石质感强，同时还减轻了模型的质量，如图7-4-2所示。

石块的种类很多。在模型制作中，在质感上主要分为两种：一种是较硬的如花岗岩；另一种是比较疏松的如沙结石。具体加

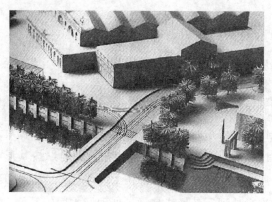

图 7-4-1　水面的制作

图 7-4-2　石头的制作

196 工方法如下。

1. 沙结石制作

沙结石表面粗糙、质地较松，加工时只要用锯条将发泡塑料按需要的大小、造型锯切而成即可，再用水粉颜料涂色。讲究一点的，可用丙烯颜料将其涂成棕色，山石顶涂一点黑棕色，下部为淡绿色，部分是蓝色，做成后用白胶粘一些草绿色的人造海绵细粒，犹如苔藓或小草、小树。但要注意，泡沫塑料不能用硝基漆来涂色，因为这类漆会溶化泡沫塑料。

2. 硬山石制作

硬山石的制作要用锋利的美工刀，大一点的硬山石要用电热丝锯来切割。这样切割的发泡塑料表面光洁，不粗糙，轮廓清晰，表现出硬石的质地。涂色与沙结石相同，色调可根据雕刻的山石颜色，如斧劈石以青灰色为主等。

第七章　建筑模型的配景制作

第八章　模型底盘与配景饰品制作

　　建筑模型制作是从建筑物制作开始，到最后底座制作，完成整个制作顺序。归纳起来顺序为：主建筑物的制作、底座的结构制作；地形、地势的建立；绿化、交通与水面制作；周围环境的补充装饰；标牌、比例尺与附加解说词制作。图 8-0-1 所示的是某一个模型整体面貌。

图 8-0-1　模型整体面貌

一、底盘制作

　　底盘是组装主建筑物、配景模型和周边装饰的基础。建筑模型底盘由台面、边框和桌架等部分组成。底盘的设计与制作要点是：主建筑物模型要从其位置中突显出来；同时将模型的主次部件视为和谐组合形成一个整体；处理好高层楼房与地基的关系，如地坪线下的展现形式：地基、地下停车场、地下通道等。总之，底盘要求牢固、简洁、美观，另外还要考虑搬运方便，高层建筑物本身都可以固定在底盘上，也可以考虑自由取下。

底盘形状的大小不仅与建筑物所呈现的比例有关，也与建筑模型的单独呈现及与整体统一性有关，为了能让人们的建筑设计理念在底盘之上体现出来。底盘的形状可以分为：四方形（正方形或长方形）；多角形（规则的或不规则的）；弧形（圆形或随意的曲线）。

建筑模型底盘的形状通常采用四方形，而且四方形不是呆板的形式，而是一个相互影响、互为作用的形式，使每一个模型都表现出独特的效果。正方形底盘的重心就在中心点上，其他多角形的中心就是底盘的重心。重要的建筑物或物体一般放置于底盘的重心上，例如一个城市的广场、一个空间的中心、一座建筑物的重心，这一切都可以经由底盘精心的设计而强调出来。图 8-1-1 所示的是底盘结构情况。

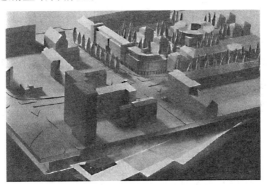

图 8-1-1　模型底盘结构情况

底盘制作要注意以下几点：

（1）模型底盘台面的大小要根据主建筑物模型的尺寸来定，

可按需要展示模型的总平面加上底盘四周的边框和玻璃罩的位置来决定台板具体的尺寸。

模型底盘的台面可用现成的绘图板、细木工板，或用三夹板加木档制成。表面要用腻子填嵌，打磨平整。加工时要注意，嵌缝要填得平，填料尽量要少用。一般可用漆刮刀全部嵌刮一遍，待干后，用砂纸打磨平整，再喷涂底漆。底漆一般为道路色（灰或蓝灰色）。另一种方法可直接用强力胶等胶水将防火板或 ABS 塑料板贴在底盘台的面板上。

台面制作先要放样，台面放样是把建筑总平面图上的道路、建筑、绿化等位置绘制在台面板上。最简单的方法是，把按比例绘制的总平面图用复写纸复印在底盘上，或按平面图描绘在底盘台面上。

（2）台面四周的装饰和加固的边条称之为边框。可用防火板、柚木贴面、铝合金板条、不锈钢、长条油画框框条等材料镶边装饰。它主要用于防止建筑模型、底盘和罩壳被摔坏。

（3）可以在底盘下的 4 个角和中间衔接小的橡塑缓冲器作为脚架，起到防震作用。

（4）按照人视力观察的角度，一般建筑模型的底盘放置在桌架上，桌架可以使用现成的桌子，也可以专门制作与模型相应的桌架。桌架的高度取 80 厘米到 1 米，结构可用木材料或金属材料，图 8-1-2 所示的是一种造型的桌架。桌架颜色一般取灰色和黑色，使人的视觉集中在模型上。

二、罩壳制作

罩壳覆盖在整个建筑模型上，见图 8-1-2。理论上讲，建筑模型最好不使用罩壳，这样没有光线折射，可以更容易地观察建筑模型的丰富构造和细节。但是，实际上建筑模型由于非常精

图 8-1-2　模型造型的桌架

细，又用胶水粘制各个部件，所以比较娇嫩，容易碰毁，用罩壳保护模型是必要的。罩壳又可以防止灰尘污染，也能显示出模型高雅的气派。罩壳一般可用透明塑料片、玻璃或有机玻璃等材料制作。

1. 透明塑料片罩壳

用透明塑料片做建筑模型的罩壳，优点是制作容易、质量轻，但它质地较软，厚度 1 毫米左右，不易制作较大面积的模型罩壳；另外，它的透光度不是很好，只能应用于一般的小型（30厘米×30厘米之内）、复杂程度和品质一般的建筑模型，如学生模型作品等。

制作透明塑料片罩壳，可用美工刀的刀口背或拉刀进行加工。切割时，刀片要与透明塑料片保持垂直，第一次拉划要轻，以防止刀口滑出钢尺损坏透明塑料片。裁割 4 块板的角要求都是直角，垂直置于平整的玻璃面上，可以仔细检查角度和长宽度。如有不妥，可用砂纸轻轻地打磨，直至各尺度正确。然后用粘胶纸分别在上下各边暂时粘牢搭成框架，如图 8-2-1 所示。然后用 502 胶水慢慢地点在每个接缝中，粘完框架再粘上面盖。渗缝操作时，要防止 502 胶水流到透明塑料片面上留下溶痕。

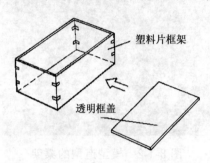

塑料片框架

透明框盖

图 8-2-1　制作透明塑料片罩壳

2. 玻璃罩壳

玻璃制作的罩壳保存期长，透明光亮。一般可根据模型底盘的大小选用厚 5～10 毫米的玻璃。裁料和胶粘框架一定要由有经验的人来制作，另外加工要合理。玻璃罩的边角要用水磨或抛光。玻璃罩制作的成本较高，自身质量较大，搬运较困难，一般场合使用不多。

3. 有机玻璃罩壳

有机玻璃罩壳比玻璃罩壳轻，制作也比较容易，效果也不差，通常建筑模型罩壳采用有机玻璃作材料。有机玻璃的厚度可根据罩壳的大小来定：罩壳小，采用 3 毫米材料；框罩大，选用 5 毫米以上透明有机玻璃。具体制作有机玻璃罩壳需注意以下几点：

（1）用有机玻璃切割拉刀（即勾刀）。如采用市售的拉刀，则需要对刀刃进行加工，磨去刀口斜面部，使刀口宽度与刀片厚度相等。这样可使刀口与刀片深入有机玻璃切割槽内，增加切割深度。

（2）切割时，拉刀刀片要与有机玻璃保持垂直，第一次拉划要轻，以防拉刀滑出钢尺损坏有机玻璃。

（3）将裁割出的罩子的前、后、左、右4块边板，垂直置于平整的桌面上，仔细检查尺度是否一致，边角是否平直。如有不妥，可用木工刨削，然后用砂纸打磨。最后用粘胶纸分别在上下各边粘牢，搭成框架。用盛有氯仿的注射针筒慢慢地点灌在每个接缝中。等干透后，再将透明的一面覆盖在框架上，四角对准，用氯仿逐一黏合。

（4）针筒点渗操作时，要防止氯仿液体流渗在有机玻璃面上留下溶痕，出现痕迹，影响美观和透视。制作中应该着重考虑有机玻璃自重、强度、框架变形等因素。

三、底盘附饰件制作

模型底盘上除了组装各种建筑物、绿化、道路之外，还要制作建筑围墙、桥梁、路灯、小汽车、标牌等附饰构件。这些附饰构件使建筑模型的展示和表现的效果更佳，是建筑模型的整体氛围不可缺少的。

1. 桥梁

桥梁有钢铁桥、立交桥、高架桥、石拱桥、吊桥、斜拉桥等，桥梁的实际制作材料有混凝土、钢铁、砖石等。在建筑模型中桥梁的制作不仅要表现出各种桥的形状，还要表现出它的质感。

（1）钢铁桥。钢铁桥应着力体现其材料结构。其制作材料可用铜皮、铁丝、ABS 塑料板、有机玻璃等。制作时，先将材料裁成条（铜皮用拉刀裁切成条，ABS 塑料板和有机玻璃用拉刀切割成条），再制成工字、L 字条，然后拼接成拱桥形，喷上黑色漆并安装在桥面或桥面上下两边。比例比较大的桥梁模型以铜丝、铁丝，用电烙铁焊接来制作，如图 8-3-1 所示。

图 8-3-1　用电烙铁焊接制作钢铁桥

（2）立交桥。一般立交桥可用卡纸或 ABS 塑料板制作。将材料裁切成桥平面，两边贴细条作栏杆，再喷涂上灰或蓝灰色（水泥色调）漆。桥墩可用较厚的有机玻璃条、ABS 塑料板、木条制作，分段切割后稍稍打磨倒角，然后分几段黏合成桥墩，再粘在桥梁下。桥墩可与桥梁一起喷涂上色，也可分别喷涂油漆后再安装。

（3）石拱桥。石拱桥是小桥，在建筑模型一般比例下，体量通常比较小，可以采用橡皮、纸黏土、石膏这类材料，这类材料可塑性强，经过堆积成型，再雕刻喷色，其表现效果很不错。当然也可以用木、塑料等其他材料，按材料的特点来制作。

2. 汽车模型

汽车是建筑模型环境中不可缺少的点缀物。汽车在整个建筑模型中有两种表示功能：其一是示意功能，即在停车处摆放若干汽车，明确告诉大家，此处是停车场；其二是表示比例关系，人们往往通过此类参照物来了解建筑的体量和周边关系。另外，在主干道及建筑物周围摆放些汽车，可以增强其环境效果。但这里应该指出的是，汽车色彩的选配及摆放的位置、数量一定要合理，否则将适得其反。

目前，汽车模型的制作方法及材料有很多种，较为简单的有两种：

（1）翻模制作法。首先，模型制作者可以将所需制作的汽车，按其比例和车型各制作出一个标准样品。然后，可用硅胶或铅将样品翻制出模具，再用石膏或者石蜡进行大批量灌制。待灌制、脱模后，作适当修整，统一喷漆，即可使用。

（2）手工制作法。手工制作汽车，首先要选择材料。如果制作小比例的模型汽车，可用彩色橡皮，按其形状直接进行切割；如果制作大比例模型汽车，最好选用有机玻璃板进行制作。具体制作时，先要将车体按其体面进行概括。以轿车为例，可以将其概括为车身、车头两大部分。汽车在缩微后，车身基本是长方形，车头则是梯形。然后根据制作的比例，将有机玻璃板或

ABS塑料板加工成条状，如图8-3-2所示，并用氯仿将车的两大部分进行粘接。干燥后，按车身的宽度用锯条切开并用锉刀修其棱角。最后进行喷漆即成。若模型制作要求较高时，可以在此基础上进行精加工，或者采用市场上出售的成品汽车模型。

图 8-3-2　车模制作

（3）公共设施及标志制作。公共设施及标志是随着模型比例的变化而产生的一类配景。

此类配景物，一般包括路标、围栏、建筑物标志等。下面分别将这几类配景物的表现及制作方法作一介绍。

1. 路牌

路牌是一种示意性标志物，由两部分组成：一部分是路牌架；另一部分是示意图形。在制作这类配景物时，首先要按比例以及造型，将路牌架制作好；然后，进行统一喷漆。路牌架的色彩一般选用灰色。待漆喷好后，就可以将各种示意图形贴在牌架上，并将这些牌架摆放在盘面相应的位置上。在选择示意图时，一定要用规范的图形，若比例尺不合适，可用复印机将图形缩至合适比例。

2. 栅栏与围墙

现代设计的栅栏与围墙花样很多，模型栅栏与围墙有实墙与网纹条墙、实墙与网条墙等。

（1）栅栏可用制作阳台栅栏的方法将细铜丝、铁丝制作成围墙网格，然后裁成网纹条墙。也可利用塑料窗纱剪切而成。

（2）在有机玻璃或透明胶片、塑料片上用油漆笔描绘制成网纹条墙，如图 8-3-3 所示。

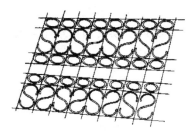

图 8-3-3　网纹条墙制作

（3）实体砖墙可用 ABS 塑料板或有机玻璃、木条拼接，如图 8-3-4 所示。

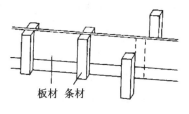

板材　条材

图 8-3-4　实砖墙制作

（4）实砖墙与网纹条组合围墙，一般可在 ABS 塑料板或有机玻璃中间钻圆孔，然后等分裁成两条，再将细铜丝焊成的网安装在半圆内即成，如图 8-3-5 所示。

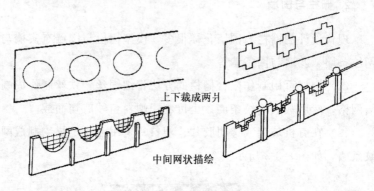

上下裁成两片

中间网状描绘

图 8-3-5 实砖与网纹组合墙

3. 建筑标志物

建筑标志物范围很广，有雕塑、金属造型、建筑标牌等，这类标志物在整体建筑模型中所占比例相当小，但其效果则很重要。

雕塑、雕刻作品的制作：雕塑作品一般用石膏等材料堆积，待干后雕刻，雕刻作品的色彩为白色，可以不用喷色而成。雕刻作品也可用有机玻璃碎块材料黏结组合，用锉刀加工，再喷白色而成。

标牌、指北针及比例尺制作：

①有机玻璃制作法。用有机玻璃将标牌、指北针及比例尺用机械或人工雕刻方法制作出来，然后将其贴于盘面上，这是一种传统的方法。此种方法立体感较强、醒目。其不足之处是由于有机玻璃颜色过于鲜艳往往和盘内颜色不协调。另外，若制作的标题字和解释词很多，字小很难加工。因此，现在很少采用此种方

法来制作。

②贴制制作法。目前较多模型制作人员采用此种方法来制作标题字。此种方法是，将内容用电脑刻字机加工出来，然后用转印纸将内容转贴到底盘上，利用此种方法加工制作过程简捷、方便而模型美观大方。另外，即时贴的图案色彩丰富，也可选择。

③腐蚀板及电脑雕刻制作法。腐蚀板及电脑雕刻制作法是档次比较高的一种表现形式。腐蚀板制作法是用厚1毫米左右的铜板作为基底，用光刻机将内容复制在铜板上，然后用三氯化铁腐蚀，腐蚀后进行抛光，并在阴字上涂漆，即可制得漂亮的文字标牌。电脑雕刻制作法是用单面的金属板为基底，将所要制作的内容，用雕刻机将金属层刻除，即可制成。

以上介绍的几种方法由于加工工艺较为复杂，并且还需要专用设备，所以一般都是委托专门加工的场所制作。这几种方法虽然制作工艺不同，但效果基本一致。无论采用何种方法来表现这部分内容，标牌文字的内容要简单明了，在字的大小选择上要适度，切忌喧宾夺主。

四、光源与光饰件制作

建筑模型的展示和表现可以用人造光线来演示，在光的作用下，艺术和科技相结合，更能显示现代建筑模型的魅力。灯光演示建筑模型可分为外部灯光演示和内部灯光演示两种方法。外部灯光演示模型是在模型底盘或模型外部装置射灯或其他光源，在光的照射下，模型才能显现其细节和构造。内部灯光演示则是在建筑物内部安置光源，由于建筑物门窗是透明的，每幢房屋内发出朦胧的灯光，演示出模型在夜间的景色。光装饰的有：道路上的路灯、商店的广告牌等。

1. 光源

光源一般可分为热光源和冷光源。顾名思义，热光源发光时会发出热量，如果放置在模型内部，就会把模型烤热变形，甚至会发生火灾。因此，内部灯光演示不能使用热光源。冷光源是以荧光粉发光和半导体发光为主，日光灯和光导纤维、发光二极管等是在建筑模型制作中经常使用的冷光源。

模型中的光源一般采用大小日光灯、小电珠、微电珠、节能灯、发光二极管、射灯等，还采用光导纤维传导等方式，可按模型的大小比例选用。掌握的原则是安全可靠，线路简易，修理方便。

2. 射灯

射灯为外部灯光模型演示主要光源，它光源集中，射程较远，电压为220伏，外装安全可靠，适用于展示类建筑模型。

3. 日光灯、节能灯

日光灯、节能灯等灯具，光谱接近太阳光，光线柔和，适用于模型内、外部光源。日光灯、节能灯可以安装在模型底盘上，图8-4-1所示的是3根日光灯安装示意图。建筑模型安排在光源上面，通过底盘上半透明底板，把光反映在模型上，有很好的立体效果。建筑物模型内部照明选用日光灯作光源较好，通常一幢建筑模型垂直安置一根相应长度的日光灯，它发出的光线能满足整幢大楼各窗口的亮度。

4. 发光二极管、微电珠

发光二极管称为LED，是一种晶体管。发光二极管用的是

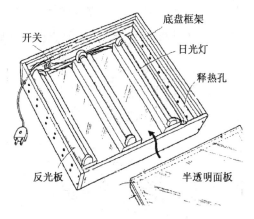

开关

底盘框架

日光灯

释热孔

反光板

半透明面板

图 8-4-1　模型底盘光源

低压电源，电压为 1～3 伏，通常有红色、绿色、黄色等几种颜色光，也有闪光型的和高亮度型的 LED。它的直径有 3 毫米、5毫米及 10 毫米等规格，适用于比例 1：1000 至 1：300 模型的路灯、信号灯等场合。图 8-4-2 所示的是 LED 外形和电路连接方法。如果要增强 LED 的只数，（并联）可增加电源电压，要串联一个几十到几百欧姆的电阻作保护电阻，电阻的计算公式如下：$R=(U-2)/(\text{LED 只数}\times 0.015)$。其中 U 是电源电压，单位为伏；R 的单位为欧。如取电源电压 6 伏，4 个 LED 发光二极管，那么保护电阻 R 为 66 欧，取规格值为 68 欧。

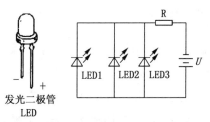

发光二极管
LED

图 8-4-2　LED 及其电路连接

第八章　模型底盘与配景饰品制作

微电珠体积小，电压为 1.5 伏，亮度较大但容易损坏。图 8-4-3 所示的是其外形和电路连接方法，它有串联和并联两种连线方法。

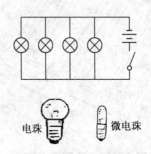

电珠　　微电珠

图 8-4-3　微电珠及其电路连接

5. 光导纤维

光导纤维是用玻璃或塑料制成的纤维，具有在弯曲变向的状态下也能传导光源的特点，常用于光导通信、医疗、仪器、现代装饰等领域，一般在邮电、仪器材料店有售。现在应用于建筑模型，是一种比较理想的光传导方式和点光源，它的发光点直径 1 毫米不到。通常可用于广场和道路的路灯及模型轮廓彩灯装饰等，图 8-4-4 所示的是光导纤维的外形和电路连接方法。

6. 光装饰件制作

（1）路灯制作。路灯由灯杆、灯罩、小灯珠、导线等几部分组成。尺寸小、外形简单的路灯可用大头针来制作。尺寸较大的路灯可用铜丝、铁丝来制作。大头针可直接弯制；针头尖部可以涂上颜色后插入底盘上，在针尾圆头部分涂上另一种颜色，做成灯罩或灯，如图8-4-5所示。用铜丝、铁丝制作路灯，可以先在

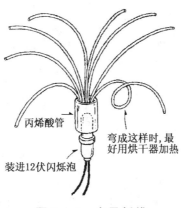

丙烯酸管

弯成这样时，最好用烘干器加热

装进12伏闪烁泡

图 8-4-4　光导纤维

焊接点上焊一个圆珠，并在塑料珠孔、玻璃珠孔内插上铜丝制成灯泡，再弯成灯杆，下端插在用空心铜铆钉做的底座或用塑料制成的灯座上，如图 8-4-6 所示。

　　装有微电珠和发光二极管的路灯，可用细铜管制成灯杆，制

大头针

珠子

图 8-4-5　用铁丝、大头针制作路灯

珠子

铜、铁丝

灯座

灯座

图 8-4-6　路灯制作

作时先在铜管内穿一根导线，连接微电珠或发光二极管的一极，微电珠或发光二极管的另一极可焊在铜管上使之固定。铜管成了另一根导线，如图 8-4-7 所示。也可用注射针头制作灯杆，先在

注射针头内穿入光导纤维，弯制时要用酒精灯烧热，要慢慢弯，不能弯坏管壁。外形尺寸小的可直接用光纤代替灯杆。

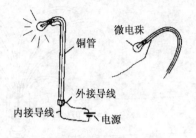

图 8-4-7　利用铜管制作灯杆

（2）灯光广告牌制作。仿真制作的大楼街景有灯光广告牌，虽然它在建筑模型的比例情况下体量比较小，也会起到画龙点睛的作用。

灯光广告牌制作的外部材料一般采用有机玻璃，按照所安置的模型部位以及比例尺寸来制作，通常是长方形较多。由于体量较小，广告字或画可以按比例先贴纸后再微刻或手写，在其内部放置 3 毫米高亮度发光二极管为宜。为了使广告牌的字有轮换跳跃效果，可以装上简单的电子装置。图 8-4-8 所示为 3 组 6 个 LED 跳跃的电路图，电子装置放在建筑物内。

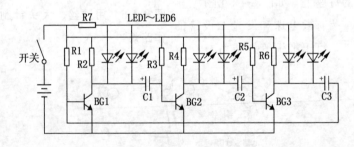

图 8-4-8　3 组 6 个 LED 电路图

图 8-4-8 中，电源电压为 5 伏，LED1～LED6 为发光二极管，BG1～BG3 为三极管 9013，R1、R3、R5 为 27 千欧，R2、R4、R6 为 5.1 千欧，R7 为 20 欧。